中国营造学社史略

林洙 著

人民文学出版社

图书在版编目（CIP）数据

中国营造学社史略/林洙著．—北京：人民文学出版社，2023
ISBN 978-7-02-017911-4

Ⅰ．①中… Ⅱ．①林… Ⅲ．①建筑业—研究机构—历史—中国—民国 Ⅳ．①TU-242

中国国家版本馆CIP数据核字（2023）第075772号

责任编辑　曾雪梅　陈　悦
装帧设计　刘　远
责任印制　王重艺

出版发行　人民文学出版社
社　　址　北京市朝内大街166号
邮政编码　100705

印　　刷　三河市博文印刷有限公司
经　　销　全国新华书店等

字　　数　185千字
开　　本　787毫米×1092毫米　1/16
印　　张　15　插页9
印　　数　1—4000
版　　次　2023年5月北京第1版
印　　次　2023年5月第1次印刷

书　　号　978-7-02-017911-4
定　　价　65.00元

如有印装质量问题，请与本社图书销售中心调换。电话：010－65233595

宋李明仲先生像

先生為鄭州名族
藏書滿家年二十
餘以門廕官縣尉
有能名中年累調
儻功仕途不進博
學多能過人述作
穎敏年雖不可考
富亨計四十六七
約大年與兄同在
享列夫人偕老子
朝成備中華民國
女九年三月廿一
十先生八百二十
為總謹依相法追
週以誌景仰
墓武進陶洙

《营造法式》作者李诫（明仲）像，摘自《中国营造学社汇刊》

《营造法式》书影（清早期进呈影宋抄本，即故宫本）

《工程做法》书影（清雍正十二年武英殿刊本，现藏日本）

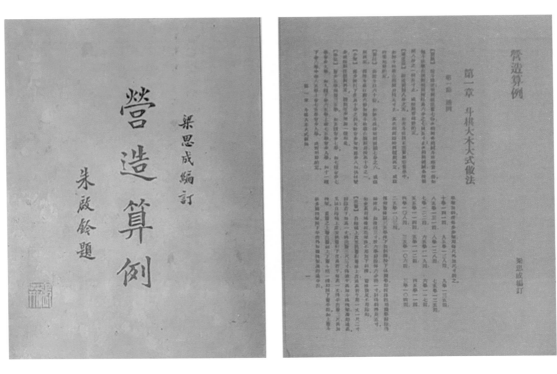

《营造算例》书影（朱启钤题字，梁思成编订）

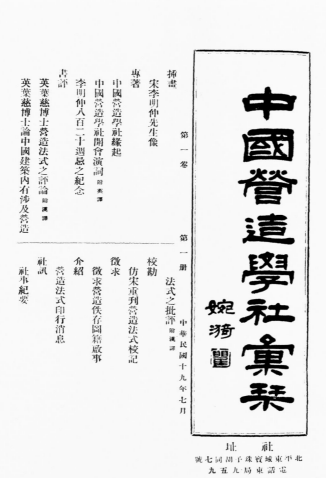

中國營造學社彙刊

婉瀏題

第一卷　第一冊　法式之批評 附漢譯

中華民國十九年七月

插畫

社址
北平東城寶珠子胡同七號
電話東局九五九

《中国营造学社汇刊》第一卷第一册目录

应县木塔全景旧照

应县木塔剖面图（梁思成绘）

佛光寺大殿远眺（20世纪90年代）

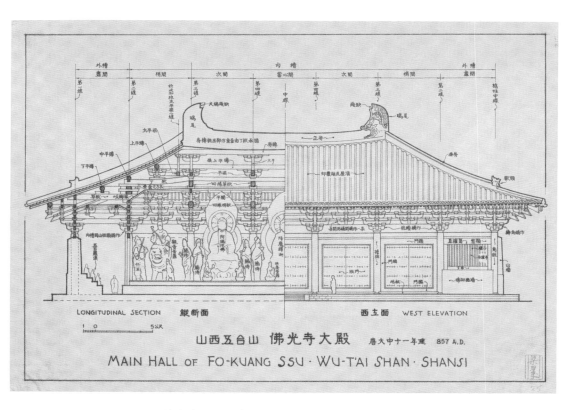

佛光寺大殿纵断面、西立面图（梁思成绘）

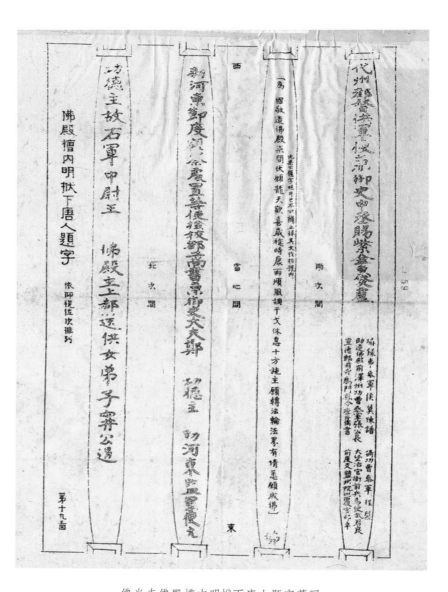

佛光寺佛殿槽内明栿下唐人題字摹寫

（六）本所工作費，如旅行調查費、照相材料費等，由學社支付之。

（五）清華建築系四年級學生及畢業生，如有願效力建築學社及原調查人同意後，亦得借用之。

（四）本所需要考查資料得借用學社現有之書籍圖像。至柔學社未經發表之測量偏及圖像，於徵得學社同意後，亦得借用之。

（三）本所需需製造模型用工具、測量儀器、照相儀器及設備得借用清華現有之設備。本所需現有之設備。

（二）除上列兼任人員外，如有必需，本所得聘專任研究及技術成事務人員，其薪金及生活補助費成由清華支付成由學社支付，臨時田潜方商員人議定之。

（一）本所研究人員及事術人員，得由清華大學教職員兼任之。此項兼任人員不另支薪金及生活補助費。

書記。

技正、技佐、技工。

（二）研究部研究人員及技術人員分為下列各級：
研究員、副研究員、助理研究員、助員。

（三）事務部事務人員分為下列各級：
事務管理員、事務員、書記。

（四）圖書室保管收藏本所書籍史料圖像。

（五）模型室製造木質石膏及石膏模型。

（六）攝影室攝製本所調查所用照片、沖洗印晒調查及供給外訂圖像照片。

（七）本所設所長一人綜理本所事宜。各組（兩書計及情形）設主任一人負責指導組內工作，事務部設事務管理員一人、辦理庶務及會計出納事宜。圖書室模型室攝影室各設管理員一人。

丙一　合作辦法

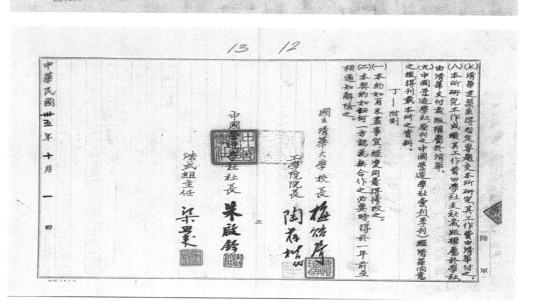

（七）清華建築系得指定專題交本所研究其工作費由清華付之。

（八）本所研究工作成績其工作費由學社支社高版權屬於學社，由清華支付高版權屬之中國營造學社彙刊系列。

（九）中國營造學社原刊之中國營造學社彙刊系列，經清華同意之版得列載本所之資料。

丁一　附則

（一）本約如有未盡事宜，經雙方同意，得修改之。

（二）本契約如認任何一方認為無合作之必要時得於一年前交相通知解除之。

國立清華大學校長　梅貽琦　工學院院長　陶葆楷

中國營造學社社長　朱啟鈐

法式組主任　梁思成

中華民國卅五年十月　一日

清华大学、中国营造学社合设建筑研究所契约

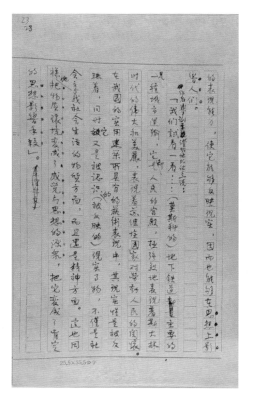

梁思成《建筑艺术中社会主义现实主义的问题》手稿

目　录

序

汪　坦

　　读了林洙关于朱启钤先生与中国营造学社的述作，感触万分。我生年较晚，未及见桂辛先生，然而，学社初期卓越成就早已深铭心中。中央大学同学郑孝燮、朱畅中先后获得桂辛奖学金，我等遂亦略知桂老事迹。学社学术带头人梁思成、刘敦桢先生更为青年学人所敬仰。桂老与中国营造学社于中国古代建筑研究之功绩，永垂后世，不可磨灭。在此之前，言及我国宋以前实例，必以日本唐招提寺金堂和法隆寺五重塔为例，其精美绝伦令人神魂系之，然而不禁随之怅然！这种遗憾，终于由前人艰苦引路，后辈奋发图强而告结束，今日已硕果累累，矗立于世，不无扬眉吐气之感！

　　这是来之不易的，其中甘苦很少被人言及。林洙以其多年对此热诚关注，阅读文献，走访故老，摘录梁、刘的手记，让当时情景得约略于眼前，使这种一丝不苟、锲而不舍的精神也能为后来学人所继承。这是我敢于不避非分之嫌，为此作序的缘由。

　　桂老发扬我国传统文化夙志，可以说不论处境如何，始终是勇往直前的。1949年前，梁、刘辗转南北，形容他们为学术研究而致"颠沛流离"，也不算过分。一时连编制都要算作属历史语言研究所以维持工作；调查考察时，宿在大庙中，冻得用报纸夹在毛毯间取暖，饱受跳蚤臭虫之苦就不用说了。提及这些情景，我非常激动。当然，不是以跳蚤臭虫为荣，也不是一定要以苦为乐，而且今后这些可能不复存在了。但是，下乡伊始，先问食宿待遇，一餐饭要吃两小时以上，至于偷换弄巧，坐待天赐，制造精神上的伪劣商品，不是也时有所传嘛！谦虚既不是美德，打肿脸充胖子也不值得推广。相比之下，还是宣扬一下艰苦奋斗精神为是。希望林洙这本书能受到重视，广为流传。不要让"知识产权"旁落，弄得回到学社问世以前的状况，这是绝不能容忍的！

1995 年 2 月于清华大学

前　言

20世纪50年代初，我刚到清华大学建筑系工作时，分配到《中国建筑史》编纂小组绘图。每天接触的全是中国营造学社当年调研测绘的测稿、图纸及大量的照片。学社那些精确的测稿和科学严谨又富有艺术性的测绘图，给我留下了深刻的印象。

在十年动乱期间，学社的这些资料被视作"封资修"毒草，有相当一部分被毁弃了，如样式雷①的烫样②及明器等。学社保存在清华大学的文书档案和梁思成的测绘笔记也都视为"毒草"被斩草除根了。

1989年至1990年间，我为写《大匠的困惑》一书需要了解梁思成在学社的活动，翻阅了学社残存的资料，因该书要赶在梁思成九十周年诞辰前夕出版，很多问题没能深入研究就放下了。

但是，学社的工作在我脑中留下了许多问题。学社八十多位社员，我知道的仅有五分之一，其他五分之四都是些什么人？为什么吸收了那么多非建筑界人士入社？为什么这仅有十多人的研究队伍能在短期内完成那么大量的工作？如此丰硕的成果是怎么取得的？他们到底调查了哪些省、市、县？调查测绘了多少座古建筑？他们的工作是怎样组织的？等等，一连串的问题，不得其解。

到了1992年，我产生了对中国营造学社的业绩做全面的了解并要把它写

① 指清代负责主持皇家建筑设计的建筑世家雷发达家族。

② 指建筑的立体模型。

出来的愿望。恰巧，这时《建筑师》杂志主编杨永生约我为该刊写些关于营造学社活动的文章。于是，我开始搜集资料，并通读了《梁思成文集》《刘敦桢文集》和《中国营造学社汇刊》，对其中重要的资料做了系统的摘录和整理。至于社员的情况和朱启钤的资料，则是从其他书刊中查到的。为此，前后加起来用了半年多的时间坐在图书馆里查找资料。

从1992年初到1994年底，我用了整整三年时间，总算把中国营造学社从成立到结束的全过程基本搞清楚了。然而，因为梁思成、刘敦桢都已经作古，尚健在的几位学社元老也都是七十开外的老人，许多事也难于要求他们记得那么确切。加之学社的文书档案也没有保存下来，所以，尽管我花了不少时间和精力，本书存在不足和疏漏仍在所难免。比如，书中对调查地点和建筑数量的统计，肯定尚有遗漏。我依据的是梁、刘文集和汇刊的记录，凡是未见诸文字记录的均未计入。如在学社的图片中见到梁思成测绘邢台天宁寺塔及梁、刘二人测绘北平正觉寺金刚宝座塔的照片。但在梁、刘二人的文集和汇刊中均未见相关记述。梁、刘二人生前都提到经学社调查过的县有二百多，但有文字记录的仅有一百九十个县。

书中所示学社调查过的市、县及古建筑，是根据梁、刘文集和汇刊公布的材料，逐项统计出来的。调查路线也是根据他们的调查报告和日记绘制的。其中晋汾地区的调查路线，还是根据费慰梅六十一年前给她家人的信整理出来的。至于书内选用的照片，因底片均遭水残，故虽做了极大的努力，质量仍不够理想。再者，由于过去照相器材缺乏，学社有一条纪律：不允许拍摄个人纪念照，有人物的照片也多半是以人作为标尺而摄的，照片中往往多是人的侧面、背面。特别是梁、刘二位经常担任摄影师的角色，因而他们的照片特别少。书中选用的几张测稿，因原图经水残已呈黄灰色，且满布皱纹，但我仍舍不得放弃，经胡庆章反复试验，才得到现在的效果，只好略选几张，以飨读者。

我想，有一点是可以使读者放心的，即书中涉及的史料，都是经过反复核实的。对有关古建筑的评介也都源于梁、刘二位的原著，不敢妄加评论。

　　本书在写作过程中得到朱海北、朱文极、刘致平、莫宗江、陈明达、单士元、罗哲文、李乾朗以及日本的佐藤重夫等各位先生的帮助。特别是莫宗江先生，多次为我讲述学社的工作情况。汪坦教授为我审阅了全文，并为本书作序。这些使我极为感动。在此对老前辈们致以崇高的敬意和诚挚的谢意！

　　清华大学建筑学院秦佑国教授是本书有力的支持者，并为"营造学社研究"课题拨出经费。

　　我院资料室李春梅、郑竹茵两位女士在繁忙的工作中抽出时间为文稿打字。大量的照片翻拍放大工作，都是胡庆章、刘为民两位同人协助做的，在此一并致谢！

　　本书能顺利出版，要感谢中国台湾的利国先生、美国的慰梅女士和清华大学建筑学院，他们对本书出版给予了大力赞助。

　　本书稿杀青后先给杨永生看过，他认为篇幅较大，还是出一本专著为好。应该说，他是本书最早的一位支持者，并为本书的编辑出版做了种种努力，我要感谢他。

　　最后，还要感谢我的女儿林彤，不少难觅的参考书都是她为我查找到的。

林　洙

1995 年元宵节于清华园

第　一　辑

中国营造学社创始人朱启钤

朱启钤（1872—1964），贵州开阳人，字桂辛，晚年号蠖公，人们称他桂老。1872 年生于河南信阳，1964 年卒于北京，享年九十二岁，人生历程几乎长达一个世纪。他的一生经历了清朝末年、北洋政府、民国、日伪、新中国五个历史时期。这个阶段正是中华民族从苦难深重的半殖民地半封建的中国进入大变动的时代。在长达近一个世纪剧烈变动的近代中国社会中，要想出淤泥而不染绝非易事。所以，对朱启钤这个历史人物的研究不能把他限制在一个简单而僵化的模式里，而要把他置于当时的历史条件下来评介。

1930年朱启钤创办中国营造学社

过去，人们往往简单地把朱视为"政客"，但他一生的活动绝不局限于政治方面，他是一个杰出的实业家、古建筑专家、文物收藏家，并对髹漆、丝绣等做过深入的研究，有很高的学术水平。他是一个多重性的人物，对他的研究，必须注意到他所处的不同历史时期及他本人的多重性，也就是近代史家称之为"方面论"及"阶段论"的观点。只有从这纵横两方面去观察他，才能通观他的全貌。我对朱启钤先生知之甚少，感谢朱海北先生、朱文极先生对我的热情支持，使我得到了不少宝贵的资料。遗憾的是，朱本人留下的文字材料太少，限于时间和精力不可能查阅更多的史料。对朱启钤先生更深入的研究尚有待后人去完成。

朱启钤早年的经历

朱启钤早年丧父，随母寄居在外祖父家，八岁开始读书。1884 年，朱的姨父瞿鸿禨 ① 视学浙江，朱随母偕妹至杭州探望姨母，住在杭州学使署。瞿见朱聪明过人，特延聘名师张石琴先生教朱习制举文。经一年多的学习，朱于举业无所成就，却对当时的新学产生了浓厚的兴趣。瞿经过年余的观察，发觉朱是个经世之才，难望以科举进身。果然，朱启钤很早就显示出了他的办事才能，十五岁时，就能帮助办理外祖父的丧事。

1889 年，朱十七岁时与陈崧生（曾国藩次婿）的继女陈光玑成婚。婚后自立门户，定居长沙定王台。陈崧生出任英法比参赞时，陈光玑随父出国，生活在巴黎，十岁后才回国。陈给朱带来了不少异国见闻。朱启钤终身坚持一夫一妻，没有纳妾。他的子女们特别是女儿可以自由参加社交活动。这在当时还没有完全摆脱封建礼教影响的社会里，是十分难能可贵的，也可以说，他较早就从陈光玑那里接受了西方社会文明的思想。

1891 年至 1893 年，瞿鸿禨赴四川典试，朱亦随侍左右。四川幅员广阔，学政每年两度科试，瞿须亲往各县典试，旅途既辛苦又惊险，朱乘马随从，调护瞿的起居。瞿亦注意对朱的培养，并每在他批阅案卷时，嘱朱在侧学习，晓以史乘掌故，并令朱试着批复案卷，感到他的批复颇有见地亦中肯。

这一时期，朱结交不少贤俊，一起谈论天下大事。其中，尤以同幕唐才常

---

① 瞿鸿禨（1850—1918），湖南长沙人，同治进士。授编修，后擢侍讲学士，又晋内阁学士。先后典试福建、广西，督河南、浙江、四川学政。八国联军入侵时，随慈禧、光绪逃往西安，得慈禧信任。任工部尚书、军机大臣兼充政务处大臣。后任外务部尚书，位在六部之上。后因清廷内部派系斗争，被罢斥归里。民国后居上海，以清室遗老终。

最是知交。朱的岳父留给他不少驻外时的杂记书籍，朱从这些读物中得出"西人以制造致富"这条路，因而认为中国也应走"以制造致富"这条路。可以说朱很早就树立了后来诸多爱国志士提倡的"实业救国""工业救国"的思想。他与唐才常经常交谈，深感中国只有走这条路才能"强国富民"。直到 1898 年戊戌政变失败，朱又佐瞿鸿禨督学江苏时，还常与张劭希、杨笃生、章士钊等私购变法维新书籍，互相传习。可以说，朱的一生始终抱着实业救国的信念。不管他是短暂地担任蒙务局督办，或任京师巡警厅厅丞，或任交通部总长，或任内务部总长，直到任中兴煤矿总经理，他都没有放弃办实事、发展工业、强国富民的信念。

瞿鸿禨通过在四川两年多对朱的考察，认为朱有非凡的办事才能，虽难从科举进身，但若登仕途，不难自发。因此，瞿在 1893 年离任四川之时，出资为朱捐了一个小官。

1894 年朱到泸州盐务局印鉴所任职，他的家属也迁居泸州。

1896 年朱调管灌口水军兼救生红船事，后又调专管云阳大荡子新滩工事，这是他接触的第一个工程。1897 年云阳工地失火，朱住的草屋被烧毁，他幸免于难。工程竣工朱回到家中，不久夫人陈光玑病故。由于朱在工地曾遭火灾，妻子也病故泸州，因此朱的母亲不愿再留居四川，于是东归。是年秋，朱娶续室于宝珊夫人。

1898 年瞿鸿禨按试苏松、太仓地区，朱又随侍左右，并随瞿进京，被引荐给朝廷，派他到江苏任职，其家属也迁到苏州。1899 年朱在上海出口捐助局任职，又合家迁居上海。

1900 年义和团起义。朱母傅太夫人病故，朱奉母灵柩回长沙。1901 年在长沙守丧。

1902 年朱送姨母（瞿鸿禨夫人）入京，这时瞿已官至工部尚书、军机大臣兼政务处大臣，后又任外务部尚书，地位显赫。瞿留朱在京。1902 年由瞿推荐入路矿总局任职。不久，奉张文达派任译学馆提调。1903 年升译学馆监督，于是全家迁来北京。

1904 年经徐世昌介绍，朱与袁世凯相识，随后即辞去译学馆职，候政北洋。

1905 年朱赴津主持天津习艺所工程。1905 年革命党人吴樾在北京正阳门车站用炸弹轰炸出洋考察的五大臣，清廷大为震惊。袁世凯乘机插手北京警政，奏请设巡警部。1906 年，巡警部设立，经袁保荐徐，世昌任尚书，赵秉钧为右侍郎，毓朗为左侍郎，改组北京巡警机构。朱任京师内城巡警厅厅丞，后又调外城巡警厅厅丞，创办京师警察市政。

当时巡警制度在国内尚无先例，创业艰难，从体制到各项条例的制定，均由朱亲自拟定。为了管理首都的治安，他每天骑马巡视京师内外。当时市政也归巡警厅管理，他开始注意北京的街衢市容。这为他日后任内务总长时，着手北京的市政建设打下了基础。同时，朱创始的巡警制度日后也被全国各省市成立的巡警警察机构奉为圭臬。

1907 年瞿鸿禨被清廷罢相归里，朱亦自请开缺，居长沙一年。

1908 年袁推荐徐世昌任东三省总督，徐奏调朱任蒙务局督办。朱在上任之前先赴日本考察殖民政策，次年回国深入蒙区调查，① 看到兴安岭以南地区资源丰富尚未开发，因而拟定"筹蒙要策"，计划移民边区，开发地区资源，发展边区城镇，想促使人烟稀少的边区得以繁荣。经济发展了，可由地方拨款供边防军的军费，从而巩固连续，加强国防。计划中列举应办之事二十余项，并附金融机关之组织及局务筹款办法。可惜，这项计划未能实行。

1909 年袁世凯被摄政王载沣罢官，徐世昌亦调离东三省改任邮传部尚书。在一朝天子一朝臣的封建社会，朱自然也被迫辞去蒙务局职。1910 年朱到徐世昌主管的邮传部任丞参，兼任津浦铁路北段总办，筹建山东泺口黄河桥

① 在朱的自撰年谱中，提到赴日是在辞蒙务局督办之后，但另外两份材料中，都说在出任蒙务局前，先赴日考察。特别是瞿兑之的《朱桂辛先生周甲寿序》一文发表之时朱尚健在。因此先赴日考察之说当属不谬。

工程。

山东泺口黄河桥工程，在当年是一件大事，黄河下游河床淤积了很厚的沙砾层，桥墩基础必须采用沉箱法施工。这种技术当时在国内尚属最新技术。朱对这一工程自勘察设计直到施工，事无巨细，均一一亲自过问。桥墩基础施工时，他亲自下到沉井中去视察土层情况，沉井中氧气不足，十分憋闷，上得岸来正在喘气，有人从旁呈上一封电报，原来是家中来电报喜，长孙朱文极降生了。

1911 年袁世凯东山再起。1911 年至 1912 年，朱任津浦铁路督办。1912 年袁就任临时大总统后不久即任朱为交通部总长。

1915 年朱启钤在内务总长任内又兼了一任交通总长。前后涉足铁道事业五六年的时间，成为老交通系的重要成员之一。交通系是北洋军阀统治下政府中的一个重要政治派系。它虽不是公开的政党，却具有左右政局的势力。交通系之所以能成为一派政治力量，是因为它把持全国的路权，掌管全国路、电、邮、航四政，并设有交通银行，管理四政专款及全国汇兑，掌有一定的财权，其中又以路权最为重要。民国初年，京汉、京奉、津浦三路开始运营，获利较多。铁路收入亦多留用军费、政费。同时，有了路权便可以铁路为抵押向外国大量贷款，以解决政府财政困难。北洋政府就是因为它控制住了交通系，从而绝大部分经费由此而来。

1912 年，交通银行逐步扩展，取得国家银行的地位，交通系进而染指国家财政，呼风唤雨，左右政坛。老交通系的领袖人物有梁士诒、叶恭绰，前者总揽交行金融，后者总揽路政。任过交通银行的总经理及董事的有梁士诒、曹汝霖、张謇、周自齐、朱启钤、陆宗舆、叶恭绰、徐世章、汪有龄、周作民、蒋邦彦、孟锡珏、任凤苞、施肇曾、方仁元、钱永铭……

这些人均与朱有交往，其中梁士诒、叶恭绰、徐世章、周作民、孟锡珏、任凤苞、钱永铭等后来都是中国营造学社社员，并为学社研究经费或解囊或奔走，其中尤以叶恭绰与朱关系最为深挚。

朱任交通总长时期，除已建成的京汉、京奉、津浦三线外，从全局考虑计划再修筑四条主干线以贯通全国：一、宁湘线，自南京至长沙并延伸至贵阳；二、同成线，自大同到成都，使四川丰富的物资得由陆路运出，避开三峡之险；三、浦信线，自浦口至信阳；四、陇海线，自东海至兰州。

朱计划的这四条线是很有眼光的，也是他实现"实业救国"的基础建设。但是，腐败的北洋政府将大量的铁路经费用于军、政。这个庞大的修路计划，仅陇海线东段开工，其他均未实施。同成线自宝鸡到成都段直到20世纪50年代才修成。

1913年至1916年，袁世凯任大总统职，任命朱启钤为内务部总长。

1916年袁世凯称帝失败，6月病逝，朱亦引咎去职，移居天津。

如何看待朱启钤的早年经历

1906年至1916年，朱启钤跟随徐世昌、袁世凯十年，这也是朱被后人诟病的一段历史。因此，我们也不能不认真对待朱的这一段历史。朱的亲友们出于对他的爱护，亦常为他开脱。如叶恭绰曾说："袁用他，实际是把他当作瞿的人质。"朱的秘书刘宗汉先生也认为："袁对他终究是有芥蒂的，在任用中又有时把他放在最容易受伤害的地位。……如果讨袁军胜利，他自然便成祸首，而袁的嫡系亲信都得到保护。"[1] 按这个说法，似乎认为袁之用他是为了保护自己的嫡系。笔者认为以上两种说法均有欠妥之处。

20世纪初，以袁世凯为首的北洋军阀集团已基本形成。当时任军机大臣的瞿鸿禨与袁的矛盾也逐步深化。清廷实际掌握军权的荣禄已被袁世凯以入拜为门生等各种手段拉拢过去，结为死党。袁想如法炮制拉拢瞿，先示意愿列为瞿的门生，被瞿以万不敢当却之。继之，又托人询问可否换帖结为兄弟，瞿又婉

---

①　刘宗汉：《回忆朱启钤先生》，见《蠖公纪事》，中国文史出版社，1991年，第63页。

言辞谢。袁意识到瞿不可能被他收买，因此立即警告他的死党奕劻必须把瞿赶出军机处，否则"日后必受其害"。1907 年，赵启霖参奏载振、奕劻受贿丑事，举朝哗然，西太后大怒，下令查办。载、奕被袁设法包庇过关。赵启霖是军机大臣瞿的同乡，袁认为赵的参奏是受瞿的指使。因而参奏案一结束，袁立刻发起反击，以一万八千两银子收买御史恽毓鼎，要他参劾诬陷瞿"暗通报馆，授意言官，阴结外援，分布党羽"。清廷遂将瞿开缺。至此，瞿袁之争，以瞿鸿禨的彻底失败而告终。

后人根据瞿罢相后，朱亦自请开缺为由，认为朱是瞿党无疑；对瞿下台后，朱为瞿的政敌服务，有所非议。但笔者却有些看法，仅供参考。

一、朱不是瞿党，至少不是瞿的死党。尽管朱在青年时期（二十岁）就追随瞿的左右，但瞿始终没有重用他，他一直只是个小官。直到 1902 年，朱（三十岁）由张文达之荐当了译学馆的提调，转年升监督。名声虽好听，但译学馆是个没有政权、财权、军权的清水衙门。这个差事远远涉及不到瞿、袁的政争。尽管朱曾为瞿传递过文件，也仅仅是因为他和瞿有亲戚关系而已。有人根据瞿罢相后，朱自请开缺为由，认定朱是瞿的人，这个理由也是不充足的。在封建社会，仅仅因为是同乡、亲戚而受株连是常见的。朱当时任京师巡警厅厅丞，这么重要的职务很可能被清廷视为瞿"阴结外援"的一分子，因而他自请开缺，这只能说明朱是很有头脑的聪明人。尽管瞿、朱在政治上没有很深的瓜葛，但瞿毕竟是最早提携他的人，因而朱在瞿失败后，暂时退出政坛，这也是合乎情理的。

认为袁用朱是把他当作瞿的人质的说法，更是没有充分的根据。因为，朱并非瞿的子或孙，也不是养子。从《朱启钤自撰年谱》来看，朱、瞿的关系与感情并没有密切到能当瞿的人质的地步。

二、袁世凯为人的阴险毒辣及政治上的卑鄙诡诈，是随着历史的发展进程而逐渐被人们认识的，特别是他直接指使的几起重大谋杀案，只有在他死后才可能被彻底揭露。

　　我们且看看 20 世纪初袁世凯的表现：他编练北洋新军，被誉为懂得现代兵法的军事家。政治上他投机立宪，以"开通风气"自诩，连上奏折，侈谈立宪。1907 年，立宪运动达到高潮，他也成为立宪"急进派"，被视为宪政运动的中坚。他还力主新学，联合张之洞两次上书奏请"立停科举，推广学校"，在他管辖的直隶，几年之内就办了高等学堂五所，中、初等专业学堂及习艺所一百三十三所，中学及女子学堂六十七所，小学校四千三百四十四所。"凡已见册报者入学人数八万六千六百五十二人。"[1] 他还令周学熙办理实业，先后在天津创设铁工厂、考工厂、商品陈列所、国货售品所、种植园，并在各县办工厂分厂，设直隶工艺局。1906 年，又开办滦州煤矿公司，扩大唐山启新洋灰公司等。[2] 袁的这些赫赫政绩，不仅使外国人对他"刮目相看"，甚至相当多的革命党人，包括孙中山也被他所蒙蔽。瞿、袁相比，自然袁比瞿更能讨好世人，更能吸引朱启钤这个胸有大志、想要干出一番事业的年轻人，并与朱的"以制造致富"的想法相一致。

　　三、袁世凯是个重才、识才且会用才的人。当徐世昌把朱推荐给袁时，袁肯定已通过他的情报网对朱进行调查并已对他有个基本的估计。否则，袁不可能仅仅为了表现自己的"雍容大度"而重用他。1904 年冬，徐正式向袁引见了朱，这次见面，双方进行了深入的交谈并互相赏识。这在 1936 年朱写的《朱启钤自撰年谱》中可以看到。1936 年，袁已去世二十年，按说朱对袁已无任何顾忌，但朱仍在年谱中写上"光绪三十年……冬，以天津徐公之荐，受项城袁公知"。这里朱用了一个"知"字，这就说明了朱、袁会晤的性质及对朱的重要性。这一个"知"字，也概括了朱与袁的全部关系。就在朱、袁见面之后，朱辞去译学馆职，以"候政北洋"，于次年赴天津主持习艺所工程。实际上习艺所工程只是一个暂安之处，袁是准备重用他的。果然，1906 年，机会来了。徐世昌出任巡警部尚书后，朱即升任京师巡警厅厅丞。至于袁对朱是否存有芥蒂呢？可

---

[1]　侯宜杰：《袁世凯一生》，河南人民出版社，1984 年。
[2]　周岩：《袁世凯家族》，中国青年出版社，1991 年。

以说，袁对他手下的人，个个都存有戒心。

袁世凯为了巩固自己的独裁统治地位，在政府部门尽可能安插他的亲信、嫡系。在他任临时总统及大总统期间，国务总理一直由他的亲信担任，如唐绍仪、陆徵祥、赵秉钧、段祺瑞、熊希龄、徐世昌等。各任部长也都是他的嫡系。仅仅为了同革命党人妥协，他才把一些次要的部门让给同盟会会员和进步党人，如梁启超一度任司法总长，宋教仁任农林部总长，蔡元培任教育部总长等。其他，如财政、交通、军队这些要害部门的大权袁是紧紧抓住不放的。对他的下属也是顺我者昌，逆我者亡，嫁祸于人，更不可能去"保护"他们。

袁内阁第一任总理是唐绍仪。唐本是袁的亲信，辛亥革命后加入了同盟会，以"调和南北"自居。在任总理期间，推行责任内阁制，为袁所忌，当年就被迫辞职，代之以表面上无党派的陆徵祥。不久陆就被赵秉钧接替。赵秉钧是袁一手提拔的人，对袁感激涕零，死心塌地为袁卖命。1913 年，赵因参与谋杀宋教仁案被迫调离。1914 年，赵对袁派人刺死杀害宋的案犯应夔丞有不满情绪，袁得知后立刻派人将赵毒死灭口。任总统府秘书长的梁士诒，也是袁的心腹，且他利用任财政部次长及交通银行总经理的职务，为袁筹措大量活动经费，深得袁的依赖。人称他是袁的"财神"。但是，梁好包揽把持，利用秘书长职权，在北洋政界培植个人势力，形成颇有影响的交通系，又为袁所忌，袁遂下决心把他撵出总统府，派为税务处督办。

可以说，袁在任临时总统期间，唯一没有委以重任的人就是袁的结拜兄弟徐世昌，但这绝不是袁对徐的保护，而是徐的老奸巨猾。袁当选为临时总统时，曾请徐世昌助一臂之力。但徐看到当时党派林立，各派政治力量斗争复杂，不愿出头，想等待一个比较适当的时机，所以表示，现在出仕，愧对清室，约二年后出山。1913 年 7 月，袁又想请徐当总理，接替赵秉钧，徐以时机未到仍不肯出。因此，袁委朱启钤代理了很短的几天总理，即请段祺瑞接替赵秉钧。但部分进步党党员提出要弹劾内阁，袁才被迫改组内阁。经过多次磋商，袁同意由熊希龄组阁。因熊同各党派素有关系，可减少各方面的反对，以达到袁能尽快坐上总统宝座的目的。而内阁人选实际上袁只留下司法、工商、教育三个部，供熊支配。

到了1914年，袁当上正式大总统后便踢开熊希龄，请徐世昌出任国务卿，徐也就受命了。到1915年，当帝制开始发动之时，徐窥测出可能引起政局动荡，又以不使"亲厚悉入局中"，以备将来"谋转圜"为托词，坚决辞去国务卿职务。到洪宪退位后，徐才又复出任了一个月的国务卿。

由此可见，所谓"人质"论及袁用朱是为了保护他自己的嫡系这两种说法都站不住脚。笔者认为，从1906年至1913年国民党"二次革命"以前，袁的反动面目尚未充分暴露，俨然是一个推行立宪"新政"，赞成共和的人。在他取得临时大总统的职位后也一再表示："永远不使君主政体再行于中国，深愿竭其能力发扬共和之精神，涤荡专制之瑕秽。"尊孙中山和黄兴二人为"革命元勋"。孙、黄也落入袁的圈套，表示对袁信任。孙中山亦曾表示："无论如何不失信于袁总统，且他人皆谓袁不可靠，我则以为可靠，必欲一试吾目光。"①

因此，笔者认为，当时朱忠于袁是无可非议的。不能用现在我们对袁世凯的认识去要求20世纪初的朱启钤。

但是，在"二次革命"后，袁的反动本质逐步暴露，特别是谋杀革命党人宋教仁，与日帝签订"二十一条"不平等条约及恢复帝制等事件，可以说是激起全民公愤，他成为全国共诛、全民共讨的对象。而朱也恰恰是在袁所执行的独裁政治中，越陷越深，不可自拔，最后成为袁称帝的十三太保之一。过去，人们往往认为朱仅仅为袁称帝筹备大典做了些事务性的工作，但如果深入地阅读一些史料就知道，朱在某种程度上参与了帝制的策划。叶恭绰说他不愿为自己洗刷，其实他也没什么可洗刷的，因为他的确参与了复辟帝制的部分阴谋活动。② 鉴于朱本人没有留下这方面的文字材料，因此，我们也不宜妄加评论，

① 李宗一：《袁世凯传》，中华书局，1980年。
② 同上。

强加于人。

但袁世凯毕竟是第一个认识朱的才能，并敢于重用他的人。张明义先生说：朱不能排除"士为知己者死"的传统观念。从朱的《自撰年谱》来看，这个解释是合乎情理的。在朱长达九十二年的人生中，这是一个小小的遗憾。

任职北洋政府时期的主要工作

尽管朱启钤仅任了三年内务总长，因他同时督办京师市政，在他任职期间却办了一系列造福北京市民的大事。

改建正阳门，打通东西长安街，开放南北长街、南北池子，修筑环城铁路

朱在清末任内外城巡警厅厅丞时，就终日骑马巡视京城内外，对京城的大街小巷、交通情况、建筑状况无不了如指掌。他上任内务总长后的第一件大事，就是实现他考虑已久的正阳门改建计划。现在的前门与正阳门之间原被东西瓮城所封闭，出入城门须穿过瓮城门洞再经正阳门门洞。而恰在正阳门外即是京奉、京汉两条铁路干线的终点，因而交通壅塞日趋严重。朱提出拆去瓮城，保留箭楼，在正阳门城墙两侧各开两个门洞，以使交通疏畅。这个计划在当时是一项很大的工程。瓮城拆下的大量

1906年朱启钤任京师内城巡警厅厅丞

砖土如何运出城去，人力来源、经费问题等都是需要一一加以统筹解决的难题。当时，北洋政府财政短绌，根本没有能力办这样一件大事。朱因为担任过交通总长，所以有充分的理由将正阳门在改建后对京奉、京汉两路局将得到的便利与利益晓之于两路局局长，促使两路局出经费、出车皮支持正阳门改建工程。又因与京师警察总监吴炳湘、江朝宗、李长泰等人熟稔，他又动用了部分工兵，

解决了人力的不足。

现在，前门箭楼北面的月台及箭楼周腰挑出的平台和栏杆便是当时加建的。月台是利用瓮城拆下的旧砖筑成的，既节约了材料，又与箭楼在外观上取得统一色调。京汉、京奉两路将路轨直接铺到东西瓮城脚下，将瓮城拆下的渣土直接装上车皮运走。怎样才能尽快地在前门这一交通繁忙的地区竣工，朱均一一经过周密的考虑、运筹、规划。接着，他又开放打通东西长安街、南北长街、南北池子以便市民。他还修筑了环城铁路，解决东西南北城之间货运的困难。除了这些工程本身的困难外，在朱提出改建正阳门计划之初，京城几乎哗然，认为此举将破坏京城风水，反对之声此起彼伏。但朱有这个胆略，逆舆论而行，终于成功。当年，袁世凯为了表示对朱的支持，还特制一把银镐，上镌：

内务部朱总长启钤奉大总统命令修改正阳门，朱总长爰于一千九百十五年六月十六日用此器拆去旧城第一砖，俾交通永便。

1915年北京正阳门改建工程开工典礼

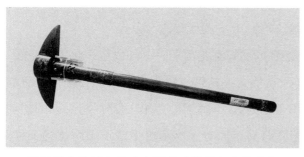

正阳门改造纪念镐（中国营造学社纪念馆藏）

朱于开工典礼日即用此镐拆去旧城第一砖。后来，朱一直珍藏着这把银镐。朱去世后，由他的儿子朱海北先生将这把纪念镐赠给清华大学建筑学院。现在，它还珍藏在清华大

改造前的正阳门

改造后的正阳门

学建筑学院中。

绿化市区，疏浚护城河

中国的传统城市，在街道衢巷中没有绿化，植树都在院内。就像故宫，偌大一个宫殿，只有少数花园，大内各宫庭院中的两三棵树与盆花。朱任内务总长时即着手城市绿化，在主要街道两旁种植槐树，在护城河两岸植柳，疏浚护城河，从而美化、净化了首都的环境。道旁绿化，这本是发达国家极平常的市政设施，但在民国初年的中国，却是开风气之先。可贵的是，朱在这一系列工程设施中运筹募化，以极少的经费办成了这两项浩大的工程。

创办北京市的第一个公园

故宫西南的社稷坛为明代所建，清缘之，但到清末民初已荒芜得很厉害，园中杂草丛生，灌木均有一人多高。明清以来，北京城始终没有供市民游息的绿地。朱决定将社稷坛改建成中央公园①。

在改建正阳门时，因天安门广场两侧的千步廊早已坍塌，遂决定把千步廊拆除，将拆下的木料用来建园。今日，中山公园中的来今雨轩、投壶亭、绘影楼、春明馆、上林春一带廊舍和东西长廊等，均是利用千步廊拆下的材料建筑的。原有的社稷坛、祭殿、庖厨等均保护下来，并有机地规划组织到公园里去。特别值得一提的是，园内古树很多，多植于金、元、明代。朱对这些树木视若珍宝，对古树的株数、树径大小如数家珍。在施工过程中，他又谆谆叮嘱工匠，注意保护古树。因而，

1918年的中央公园南门

1928年2月中央公园董事大会合影，右十为朱启钤

① 即今中山公园。

整个施工过程没有毁坏一株古树。朱把古树视为国家文物来加以保护。

　　当时，北洋政府根本没有财政力量来建园。因为朱启钤很好地利用了千步廊拆下的木料，同时利用他任内务总长的职位，调动了工兵来清理园中的杂草并拆运千步廊木料，这就节省下了一大笔开支，但建园经费仍是个大问题。朱组建公园董事会，通过募捐来解决。①

　　就是这样一件造福于民的好事，也是阻力重重。后来，朱回忆说："乃时论不察，訾余为坏古制侵官物者有之，好土木恣娱乐者有之。谤书四出，继以弹章，甚至为风水之说，耸动道路听闻，百堵待举而阻议横生。"朱启钤强烈地感到："所事皆属新政，建设之物，无程序可循，昕昕擘画，思虑焦苦……"②

　　自 1914 年（民国三年）公园董事会成立，至 1915 年（民国四年），共筹集了六万三千零六十元。捐助款在千元以上的有徐世昌、张勋、雍涛三人，各一千五百元；黎元洪、朱启钤、周自齐、杨度、杨德森各一千元；机关有陆军部、海军部、内务部、财政部、交通部、中国银行、外交部各一千元；捐助款在五百元以上的有胡笔江、邓文藻、王克敏、张弧、梁士诒、段芝贵、徐树铮；机关有司法部、参谋部、税务处各五百元。其次则二百元、一百元不等，最低额为五十元。捐款总人数达三百余人。成立了中央公园管理董事会，并选出常务董事会办理日常事务。董事会自成立后，即成为一个热心于公众利益的自治团体。董事会成员既出钱又出力，为公不为私。全体成员一律照章办事，交纳会费。常委们对内一致努力，对外一切公开，公园管理得到了全社会的支持。公园

中央公园的创办者朱启钤

---

①　朱启钤：《中央公园记》，《蠖公纪事》。

②　朱启钤：《一息斋记》，《蠖公纪事》。

设施日趋完善，从未遭到破坏，直至由政府接管公园，可见北京市民对公园的爱护。

中央公园管理董事会是20世纪初在我国出现的十分有效的社会自治公益团体，它的某些做法至今仍有一定的借鉴价值。

从以上几件事中可以看出，朱启钤是一位很有眼光、很有魅力的热心公益的事业家。

创办中国的第一个博物馆

朱启钤深深感到我国古建筑的宏伟精丽，应当将故宫向全体国民乃至外国游客开放，因而，致力于殿坛的开放工作。1914年，他运用内务总长的职权，将清王朝承德避暑山庄所藏的宝物计二十余万件运到北京故宫，在紫禁城外廷开设古物陈列所①，任命治格②为所长。这可以说是我国第一

故宫博物院（神武门）现状

① 1946年与故宫博物院合并。
② 治格，满族，原清室护军都统。

个博物馆，也是朱对我国教育文化事业的一大贡献。

开放皇家艺苑、京畿名胜

为了增进民众游乐福利事业，他先后开放了天坛、先农坛、文庙、国子监、黄寺、雍和宫、北海、景山、颐和园、玉泉山、汤山等多处名胜风景区。为了开放这些地区，他制定了"胜迹保管规条"。也许，这是我国最早的古建保护法。同时，这些名胜古迹亦因开放而得以修整，既供市民游息，又保护了古建筑。

朱启钤在紫禁城做古物陈列馆时

创办传染病医院

民国初年，霍乱、痢疾、伤寒等急性传染病还没有得到控制，严重地威胁着人民的生命。朱启钤朝夕募化，终于成立了传染病医院，尽力救病人生命，并在一定程度上控制了疾病的传播。

热心宣扬文化事业

第一次世界大战结束后，巴黎大学设立中国学院，并向我国提出借用《四库全书》的请求。当时，梁启超、蔡元培、李煜瀛、汪兆铭、叶恭绰等人都认为这是中西文化交流的好事，应予支持。法国政府亦派要员班乐卫[1]来华，与

---

① 保罗·班乐卫（Paul Painlevé，1863—1933），法国著名数学家，在力学与航空学理论方面多有建树。一战时期，历任法国公共教育部长、陆军部长、航空部长等职，并在战后参与组织左翼联盟。1917年和1925年两次出任法国内阁总理，1924年当选议会议长。

中国政府商议，协定由我国刊印全书，以三套送法国。当时，总统徐世昌决定派朱启钤督理印行《四库全书》事宜。不久，巴黎大学以名誉博士学位奉赠徐世昌，朱启钤代表徐赴法接受学位，并访问英、意、比、美、日诸国，考察印书事宜。行前，朱以文渊阁藏书内景制成彩色图版十二幅，装订成册，分赠各国元首及著名学府。当时，中国的《四库全书》虽在国外已享有盛名，但均以为不过与《大英百科全书》类似。一旦见了照片始知，《四库全书》不是几个书架能安放得下的，如拥有全书甚至要扩建书库。后经各方研究认为，全书影印实非易事，而缩印、择印，意见又难统一。朱乃建议："全书虽不能遍及，而珍本别行，世人亦可尝鼎一脔。"教育部采纳了朱的意见，几经与商务印书馆协商，决定由商务来印行。聘请专家十五人，编订《四库珍本·初集目录》，选书二百三十一种，分装约两千册。但由于影印规模过巨，虽经朱启钤多方奔走，终因时局动荡，经费难筹，未能实现。

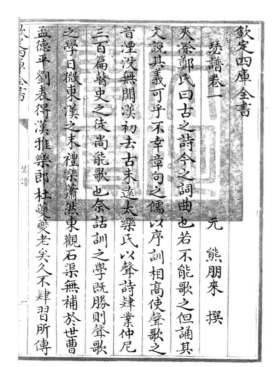

《四库全书》书影

就在此次出访法国抵达巴黎后，朱启钤得知我国留法勤工俭学学生濒于饥饿，生活极为艰苦。他慨然捐助国币五万元，并考虑到此款若辗转经手恐生枝节，因而将款直接交到学生手中。勤工俭学学生当即致朱一封感谢信，并附一收款学生签名册。为此，朱还受到华法教育会留法"贵族学生"的攻击，诬蔑朱的捐助是对勤工俭学学生的收买。直到1949年后，徐特立老先生还托章士钊先生向朱老转达1921年留法勤工俭学学生对他的感谢，并说当年的感谢信是自己亲自起草的，他还嘱章士钊先生撰文追述此事。后来，毛泽东看到章士钊的这篇记述，曾当面对章称道朱启钤此举，并详细询问了朱老的生活情况。徐特立起草的这封感谢信及收到捐助款人的签名册，朱一直珍藏到去世。

人们很难想象朱启钤在北洋政府时期竟干了这么多有益于人民的好事，难怪他见到周恩来后感叹地说："可惜我早生了三十年，如果那时遇到这样的好领导，我从前想做而做不到的事一定能办到。"可见，朱想为人民办的事还有很多很多。可惜，在旧社会，他的聪明才智没能得到充分发挥。

经营中兴煤矿

1917 年朱启钤脱离政界，从事实业。他在《自撰年谱》中写下："经营山东峄县中兴煤矿公司，自食其力。"

1899 年中兴煤矿公司创建，创始人张莲芬。矿区位于山东枣庄，地处偏僻，交通不便，早期煤炭销售全靠人力运送。为发展生产，公司计划新建一大井，并求助铁道部门修筑通往矿区的铁路，但因资金不足，一时难以实现。

朱启钤是中兴公司大股东之一，他深知煤炭对发展民族工业的重要性。

1910 年，朱任津浦铁路北段总办，鼎力支持协助解决公司贷款并修筑铁路，使公司煤炭顺利销往全国各地。

1915 年，公司大井发生特大事故，矿工死伤七百余人，矿井淹没，致使公司亏损十余万元。张莲芬亦因忧致疾去世。朱在岌岌可危的情况下被股东推选为董事长。接任后，为摆脱困难，他在天津设立了总公司，拟定了一系列规章制度，使公司的生产经营走上正轨；同时，联系南北股东，增加资本，筹建第二大井。

1915 年至 1917 年，公司不仅渡过了难关，而且兴旺起来。1918 年，朱被推选为煤矿公司总经理。

朱启钤是一个杰出的管理人才，在经营上十分重视设备更新和技术改造，

中兴公司旧照

并大胆使用技术专家。

1925年后，军阀混战，公司生产运输不能正常进行，造成1927年停产；加上军阀的敲诈勒索，公司濒临破产。

1928年，朱决定聘用德籍工程师克礼柯①继任总矿师，当时遭到部分职工的强烈反对。因为第一矿井的总矿师即德籍专家，职工们对第一矿井的特大事故，心有余悸。但朱鉴于克礼柯的学识和才能，在非议声四起的情况下，仍大胆使用克礼柯。实践证明，克礼柯上任后所采取并负责实施的煤矿设备更新和技术改造，是公司能从濒临倒闭中得以迅速复苏和发展的关键。

到1936年，中兴公司产煤量达到一百七十三万吨，从而走向以煤为主，煤、焦、电、钢铁、农林、铁路和轮船运输为辅的多种经营的综合性大企业之路。

1937年，日本全面侵华，公司为不给日本人留下完整的生产矿厂，于是遣散员工，拆迁主要机器设备。在日伪的压力威胁下，公司董事会仍决定坚决不与日伪合作。这充分表现了朱启钤等人的民族气节和爱国精神。日本投降后，

---

① 克礼柯（1883—？），德国人。1901年德国矿科学校毕业后，侨居中国，先后在河北省正丰、井陉煤矿以及山东峄县中兴煤矿任矿师。

经过三年战争，至 1948 年，矿厂已破坏殆尽。

1952 年，中兴煤矿公司实现了公私合营。

中兴煤矿公司是旧中国唯一由华人自办的采矿业，是旧中国矿业颇有成绩的佼佼者。中兴公司的发展壮大，与朱启钤有着深密的联系；可以说，每项建设都凝聚着他的智慧和心血。①

开发北戴河疗养区，维护国家尊严

民国以后，达官显贵的生活方式逐渐欧化，暑期到海滨消夏的越来越多。从 1893 年，北戴河海滨始有外国人居住。最早是英国工程师金达，他为筑津榆铁路勘测路线，来到金山嘴一带，发现此处沙软潮平，气候宜人，实为宝地。于是，

1924年张学良、黎元洪、朱启钤等在北戴河

---

① 王作贤、常文涵：《朱启钤与中兴煤矿公司》，选自《蠖公纪事》。

纵容铁路职员在此购地，又在津京一带大肆宣传，致使各国传教士及各种人物纷纷来海滨购地盖房。

至 1917 年，北戴河海滨已有六十个国家的外籍人员建的房舍百余所。每年来避暑的外籍人员近千人。这些外籍人员在海滨以宗教名义结成团伙，又通过领事裁判权，以各种名义侵吞当地人民土地，还插手本区内中国居民的民事纠纷，大有"喧宾夺主之势"。这些举措，充分暴露了外国侵略者企图霸占北戴河海滨的野心。

1916 年，朱启钤第一次来到北戴河就敏锐地发现了这一问题的严重性和复杂性。他毅然决然地挺身而出，于 1918 年开始号召在北戴河避暑的中国上层人士创办地方自治公益会，朱任会长。

莲蓬医院

邮政局

公益会的成立，在当时的历史条件下是有进步意义的。它有效地控制了帝国主义分子企图霸占海滨的野心，限制了石岭会、东山会等教会组织向西山一带的扩张，当时东山为外籍人员聚居地，西山为我国民众聚居地；代表了部分爱国志士自主自强的心愿。公益会的成立也标志着北戴河海滨的开发建设自此有了统一的管理、统一的领导和统一的规划，是北戴河繁荣昌盛的开端。难能可贵的是，朱创办地方自治公益会时，正值列强瓜分、军阀混战、广大劳动人民处在水深火热之际。他在这个时期及时地创办公益会，是包含着一种强烈的朴素的民主爱国情怀和民族自尊心的。[1]

公益会自1919年至1932年间在朱启钤领导下做了以下八件大事：

一、聚义募捐助。当时北洋政府没有任何财政拨款。没有经费，开发建设只能是一纸空谈。朱为此费尽苦心，四处奔走，极力筹措，才算解决了经费问题。

二、筑路建桥。朱启钤领导该会在北戴河开辟了三十六条干支道路，长达四十四华里之多。修筑桥梁涵洞一百六十余座，路旁绿化植树。当然，修路不是一件容易

1929年朱启钤在北戴河莲峰山观音寺

的事，因海滨建设最初没有统一的规则，修路难免碰到私人房舍及庭院；所以，还要"百费唇舌，类似苦行头陀，沿门托钵"，取得通情达理者之支持。

三、设立医院。

四、兴办教育。

五、开辟莲花石公园。

六、引进树种，修建苗圃。为了绿化道路、市街和公园，朱又引进了十几种优良树种，经六七年的培植，植树十万余株。每年夏季，朱必亲自带领民工植树，十几年如一日。这种苦干的精神令人钦佩，特别是他能长期与民工同劳动，这在社会上层人士中是罕见的。

七、整修名胜古迹。

八、对海滨实行管理。公益会对海滨的管理涉及面很广，可以说包括了城市规划、交通、市镇卫生、公安、外交、建筑环境艺术等诸多方面。如保护华

① 《蠖公纪事》，第108页。

人不受侵略者欺凌，不许机动车驶入海滨，不许酗酒，统一建筑风格，统一绿篱树种等等，均有详尽的规定。

可以说，朱启钤在开发北戴河海滨方面起到三个方面的作用：

第一，发起召集，即创办人的作用。第二、组织领导与实施建设的作用，他在 1918 年至 1927 年间任实职会长期间，政绩卓著，特别是前五年。第三、起到了保护中国主权，抵制外国人的影响作用；达到了开发海滨、建设海滨、繁荣海滨的效果。特别对于保护西山一带免遭外国人侵蚀，并给我们今天留下了一片繁华的避暑胜地而贡献尤甚！　①

创办中国营造学社
——我国第一个研究中国古代建筑的学术机构

朱启钤在清末创办京师警察市政之时，对京城的宫殿、苑囿、城关、衙署，不论是遗址或建筑物都一一"周览而谨识之"。当时学术界对建筑的研究，不过是到《日下旧闻考》及《春明梦馀录》之类的古籍中去查找考证而已。但朱启钤则常与了解北京掌故的老人交谈，与老匠师相交往，从他们那里知道了很多北京城的发展源流及匠人世代口授的操作秘诀，这些都是不见经传的材料，是当时士大夫所不屑一顾的。但朱则认识到，这正是研究中国营造的可贵资料。因此，他"蓄志旁搜，零闻片语，残鳞断爪，皆宝若拱璧"。一般学者不重视的《工程则例》之类的书，他"亦无不细读而审评之"。他认为，既然清代已有《工程则例》这样的书，那古籍中肯定还会有类似的记载有待于发掘。尤其当朱在任内务总长时，深感"兴一工举一事"，皆属"建设之物，无程序可循，辄感载籍之间缺，咨访之无从"，因而下决心"再求故书，博征名匠"。②

1919 年，朱启钤受徐世昌总统的委托，赴上海以北方总代表的资格出席南

① 　《蠖公纪事》，第 113 页。
② 　朱启钤：《中国营造学社开会演词》。

北议和会议。就在这次赴沪途经南京时，朱在江南图书馆发现了手抄本宋《营造法式》一书。于是，通过江苏省省长齐耀琳将该书借出，委以商务印书馆影印出版，以传后世。此即后人称之为"丁本"者。丁本因经辗转传抄，错漏难免。朱认为，这样珍贵的古籍，一定要尽可能使它更臻完善，因而委托陶湘搜集各家传本详校付梓，此即后人所称的"陶本"。陶湘是清末民初享有盛名的藏书刻书家，他的"涉园"藏书多达三十万卷。他讲究赏鉴艺术，"涉园"中每部藏书均要求形式之尽善尽美，所有藏书均对其残缺加以修整补足，重加装帧。凡持"涉园"藏书入书市者，人们一望便知

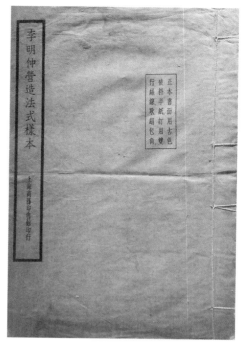

《营造法式》书影（陶本刊售样书）

是"陶装"。陶湘刻书讲求质量，不仅校订精良，且无一不讲究纸墨行款装订。①

自《营造法式》"陶本"刊布，朱即"悉心校读，几经寒暑，至今所未能疏证者，犹有十之一二，然其大体，已可句读，且触类旁通，可与它书相印证者，往往而有。自得李氏此书，而启钤治营造学之趣味乃愈增，希望乃愈大，发见亦渐多"。

朱启钤虽然大半辈子生活在半殖民地半封建的社会中，但他对建筑的认识却与近代的观点十分接近，这是他的可贵之处。近代学者普遍认识到"建筑是民族文化的结晶，也是民族文化的象征"。但在封建社会，把建筑只看作"匠作之事"，根本提升不到文化的范畴中来。然而，朱启钤却已经认识到："吾民族之文化进展，其一部分寄之于建筑，建筑于吾人生活最密切。自有建筑，而后

---

①　关于"陶本"《营造法式》的校订印刷工作，请参阅本书《营造法式》的流传及版本情况"一章。

有社会组织，而后有声名文物。其相辅以彰者，在在可以觇其时代，由此而文化进展之痕迹显焉。"①"总之，研求营造学，非通全部文化史不可，而欲通文化史，非研求实质之营造不可。启钤十年来粗知注意者，如此而已。"②

同时，朱很早就注意到近代学者感兴趣的各民族文化之间的相互交融、相互渗透、相互影响。他说："盖自太古以来，早吸收外来民族之文化结晶，直至近代而未已也。凡建筑本身，及其附丽之物，殆无一处不足见多数殊源之风格，混融变幻以构成之也。远古不敢遽谈，试观汉以后之来自匈奴西域者；魏晋以后之来自佛教者；唐以后之来自波斯大食者；元明以后之来自南洋者；明季以后之来自远西者。其风范格律，显然可寻者，因不俟吾人之赘词。"③

朱在说明为何定名"营造学社"时，又进一步阐明了他的建筑观。他说："本社命名之初，本拟为中国建筑学社。顾以建筑本身，虽为吾人所欲研究者，最重要之一端，然若专限于建筑本身，则其于全部文化之关系，仍不能彰显，故打破此范围，而名以营造学社。则凡属实质的艺术，无不包括。由是以言，凡彩绘、雕塑、染织、髹漆、铸冶、抟埴，一切考工之事，皆本社所有之事。推而极之，凡信仰、传说、仪文、乐歌，一切无形之思想背景，属于民俗学家之事，亦皆本社所应旁搜远绍者。"④

20世纪60年代初，梁思成在《拙匠随笔（一）》中曾为建筑做了这样一个公式："建筑⊂（社会科学∪技术科学∪美术）。"即建筑学是包含了社会科学与技术科学及美学的，一门多种学科互相交叉、渗透的学科。吴良镛教授说："在当时，还没有交叉学科和多学科渗透等这些名词，但其本质，在梁先生的思想中是明确的。"在20世纪30年代初，人们对建筑的观念还停留在砖、瓦、灰、砂、石的阶段，钢筋混凝土结构刚引进不久，建筑还没有发展成一门复杂的技

---

① 朱启钤：《中国营造学社开会演词》。

② 同上。

③ 同上。

④ 同上。

术科学[1]。朱自然也不可能预见到这一点，但对建筑与社会科学及美学的互相交叉与渗透的关系，在他的建筑观中已基本形成。由此可见，朱之创办营造学社，并非像其他失意政客的沽名钓誉之举，而是他本人多年来对中国建筑的悉心研究与志趣。

1918 年，加拿大建筑师何士[2]在中国监理了包括协和医院在内的十二项工程。在当时的中国，何找不到任何一个中国建筑师来和他共同讨论协和的设计。最后，他找到朱启钤，并与他建立了亲密的联系。何回忆说："他对协和医院非常感兴趣。我告诉他我的设计，建这些建筑，他没说一个字，研究了近一个小时，然后把他的胳膊放在我的肩上，告诉我，他对我的设计是多么高兴，告诉我他是多么担心这个建筑将会建成外国风格，许多外国人在北京建了不少丑陋的建筑。"后来，朱又介绍了王氏和刘氏与何合作。[3]他们一起工作了二十年，合作得很好。这座由外国人设计的协和医院，尽管后人对它褒贬不一，但它毕竟曾一度代表中国建筑的复兴。其中也有朱的一份作用，这恐怕是鲜为人知的。

朱启钤可称为我国 20 世纪最早的一位中国古建筑专家。

民族文化遗产的保卫者

自 1921 年以来，朱启钤投资的一些企业连年遭受兵乱，生产停滞，因之收入也减少。又因他的夫人卧床多年，医药开支甚为庞大，继之子女婚嫁及印刷《营造法式》，购置研究书籍等事项，至 1928 年，朱已负债十四万元。为了还清债务，朱决定出售他多年以来收藏的文物——一批珍贵的丝绣。

朱的母亲擅女红，他幼年常见母亲用宋锦残片改制香囊，或仿照宋锦纹样

---

[1]　指建筑成为许多门技术科学的综合产物。

[2]　何士（Harry Hussey，1881—1967），加拿大建筑师，一度充任顾维钧的交际秘书。

[3]　徐苏斌：《比较·交往·启示》，天津大学研究生论文，1991 年。

刺绣，养成他对丝绣物品的爱好。此后，他常在庙市小摊上收集一些断帛零绢。迁居北京后，他还常常到前门外专卖故衣的荷包巷收集丝绣文物。古董商知道后，也常主动向他兜售，朋友们也常以此相赠。辛亥革命以后，各皇族世家败落下来，从各王府中流散出来的宋元时期的缂丝刺绣精品常夹杂在书画中出售。朱亦从中购到一批相当宝贵的珍品。其中有恭王府及内府的藏品，明代项子京以及清代安岐、梁清标等人的收藏珍品。日积月累，朱的这批丝绣收藏已相当可观。他不但极爱这批文物，且对这批文物一一加以考证著录，并于 1928 年刊印了《存素堂丝绣录》。这本书虽著录的是朱启钤的个人收藏，但对手工艺美术史的研究也有一定贡献。

日本实业巨子大仓喜八郎与朱相识，曾在朱家鉴赏过这批珍品，他表示愿以百万元购买这批丝绣。朱当时虽然经济上甚窘困，但不愿这批文物流失国外，因而婉谢大仓。1929 年，张学良将军知道朱的窘困后愿意帮助他，于是与东北边业银行协商以二十万元买下这批丝绣，条件是边业不得将这批丝绣售与外国人。九一八事变后东北沦陷，这批丝绣也随边业银行落入日帝手中。朱的盟弟荣厚[1] 当时任伪中央银行总裁，这家银行其实是日本正金银行的伪满洲分行。荣厚利用其职务及与正金银行的关系，设法以伪满洲国名义宣布这批丝绣为"国宝"，长期蓄存在沈阳正金银行库中，使侵略者暂时不便明目张胆地将这批丝绣掠往日本。

1945 年，日本投降后，苏联红军占领了东北。1945 年底，苏军准备自东北撤退，朱深恐这批丝绣落入苏军手中，后来知道丝绣仍在沈阳，才放了心。1946 年，国内战争开始，朱又担心这批宝物在战火中化为灰烬。当时，王世襄先生在"清理战时文物损失委员会平津办公处"工作，朱嘱王以该处名义拟一呈文，在宋美龄途经北平赴沈阳时，朱亲自向宋面交了呈文，恳请宋将这批丝绣空运至安全地方。经过宋美龄的干预，这批丝绣不久即空运到北平，

---

[1]　荣厚（1875—1945），字叔章，满洲镶蓝旗人，刑部吏员出身，清末随徐世昌出任东北，民国初期曾任奉天省内务司司长。

先存放在中央银行，后由故宫博物院保管。1949 年后拨给辽宁省博物馆，一直珍藏至今。

20 世纪 30 年代，朱收集到一批明代岐阳王世家的文物，共五十六件。朱花了五万元进行装裱，妥善保存。美国人福开森 ① 曾出高价要买这批文物，朱同样因为不愿这批文物流散国外，而未出售。他还将这批文物印成画册，将研究心得撰写成《岐阳王后裔入清以后世系纪》《岐阳王世家图像考》等文。1949年后，他把这批文物无偿地捐助给了故宫博物院。

从收藏到保护这批丝绣的艰难曲折的经历及收集整理岐阳王世家的文物这两件事，我们看到朱启钤对祖国文化遗产的无私爱护与珍视。

坚持民族气节

1937 年，日本侵华以后，江朝宗出面联合一批旧官僚组织"维持会"，江任会长兼"北平特别市"市长。1937 年底，在日本侵略者操纵下，以王克敏为首的伪临时政府成立。但日本人认为王克敏资望不够，压不住阵，欲请朱启钤这样北洋时期的首脑人物出来捧场，因而对朱施展了种种威胁利诱的手段，但朱坚持不就伪职。由于朱一直不肯就范，于是敌伪对朱加紧迫害。先是派特务监视朱的住宅，朱仍未屈服，继之又以朱住的赵堂子胡同是警备地区，一般人不宜居住为由 ②，强行用低价征购了朱在赵堂子胡同的住宅（共有八组四合院和全套家具）。朱被迫移居北总布胡同，直到抗日战争胜利，一直装病在家，始终未与日伪同流合污。1939 年，天津水灾，学社存在英资麦加利银行库中的全部调查测绘资料惨遭损毁，朱立刻电告梁思成、刘敦桢设法抢救出这批资料。遗憾的是胶片被水泡坏已无可挽回。

朱与原学社职员乔家铎、纪玉堂等人一起将这批图纸、胶片逐张摊开整理晾干，

---

① 福开森（John Calvin Ferguson，1866—1945），美国波士顿大学毕业，在中国生活了五十七年。
② 因当时伪政府的头目之一王克敏住在朱的隔壁。

作为原始资料留存。由于底片已毁，朱又指导乔等人将过去洗印的照片重新翻拍，复制了一套底片妥为保存。还有大批古建筑的测绘图稿，凝聚了全部学社成员多年的辛勤劳动，因纸薄又经水泡，稍不小心即被碰破。朱更是对乔等人千叮咛万嘱咐，小心翼翼地将它们逐页晾干，重新裱在坐标纸上，生怕碰损。当笔者整理学社的这批珍贵资料时，看到一千多张被水泡坏的测绘图稿，特别是已被水泡得支离破碎、几乎成烂泥似的那部分稿子被精心贴裱起来，其难度是可想而知的。今天，凡是见到这批图纸的人，无不为之深深感动，人们会加倍地爱护它们。

　　这批测稿现在珍藏在清华大学建筑学院。

　　为了支持梁思成、刘郭桢二人在大后方的研究工作，他又从这批复制胶片中选出了最重要的一批古建筑图片各加印两套，各寄一套给梁、刘二人。梁思成能够在四川撰写《中国建筑史》，就因为手边还有这样一套重要的参考资料。

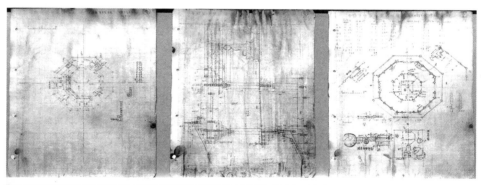
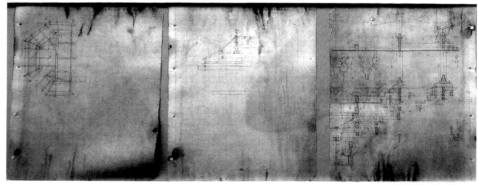

营造学社的部分测绘图稿

20世纪50年代,中国建筑史的研究工作依靠的也主要是朱整理出来的这批资料。

在敌伪强暴的威胁下，在敌伪名利的引诱下，朱启钤这位年近七旬的老人坚忍不屈，默默地为保护祖国的建筑文化遗产贡献着自己的光和热。

幸福的晚年

20世纪40年代末，朱住在上海他的四女津筠家中。周恩来曾授意章士钊先生写信给朱，劝他留在大陆，不要去香港、台湾。1949年，周恩来即派文晋[①] 将朱接回北京，并将他安置在中央文史馆任研究员兼任古代文物修整所顾问。北京市及中央有关部门经常征求朱对北京市政建设的意见。1957年，周恩来又访问了章士钊和他（他们住前后院），并详细询问朱的生活起居，关心他生活上有无困难。在朱九十岁寿辰时，周恩来送了一个大花篮为他祝寿，又在

朱启钤六十六岁照片

政协小礼堂为朱举行了一次小型祝寿宴会。席间，周恩来谈笑风生，并说朱家的菜很好吃。这样，朱启钤又邀请周恩来和邓颖超到他家去吃了一顿有贵州风味的家乡菜。这些,不仅表示周恩来本人,也表示了政府对朱启钤的尊重与关怀。

朱启钤曾对他的家人说："总理是我在国内外所遇到的少见的杰出政治家，也是治理我们国家的好领导。可惜我生不逢时，早生了三十年，如果那时遇到这样的好领导，我从前想做而做不到的事一定能办到。"

---

① 章文晋（1914—1991），朱启钤的外孙，1978年至1982年之间曾任中华人民共和国外交部副部长。

朱启钤（前排坐者）九十大寿时与祝寿者合影（后排左起：王世襄、茅以升、周书廉、张书城、刘宗汉、梁思成、蒋君奇、马昭淑、马崇恩、章茂莹、黎明辉）

著名学者刘仙洲先生说："朱启钤在学术方面的贡献，要比他在政治上的活动大得多。"朱启钤在中国建筑史上的贡献正如他自己所说："启钤老矣。纵有一知半解，不为当世贤达所鄙弃，亦岂能以桑榆之景，肩此重任。所以造端不惮宏大者，私愿以识途老马，作先驱之役，以待当世贤达之闻风兴起耳。"①

今天，我们重读朱启钤的这段出自肺腑，表达着他对祖国建筑文化的强烈热爱，表达着他对学术无私奉献的话语，不能不为之感动。他是研究中国建筑最早的先驱者。

---

① 朱启钤：《中国营造学社开会演词》。

第　二　辑

中国营造学社机构及职员

陶版《李明仲营造法式》于 1925 年出版之后，朱启钤为进一步研究中国营造成立了营造学社，并开始收集与中国营造有关的书籍、资料及明清样式雷的模型等。1929 年春，朱在北平中央公园举办了一次展览会，展出他多年收集所得的中国古建资料、书籍、模型等，引起了各界人士的注意。因此，得到中美庚款中华文化基金委员会董事之一周诒春的支持，周协助朱向中美庚款基金会申请了一笔研究经费。朱为了区别由他个人出资办的"营造学社"，遂改名"中国营造学社"。

　　1930 年 2 月，中国营造学社正式成立[①]。地址就设在朱启钤宅内[②]，位于寓所大客厅右侧的房间。最初亦未挂牌，室内只有三张书桌、椅子及书架，陈设极简单。每天来上班的只有三人，陶洙、阚铎和宋麟徵。至 1932 年，社址始由朱宅迁到中央公园内的东朝房。

　　学社的人员分两部分：一部分为专职从事研究工作的人员，系学社的职员，每天上班，领取工资；另一部分是社员。周诒春为庚款项目能尽快获得成果，建议朱启钤聘任一些年轻的受过系统建筑学教育的专门人才来工作。于是，梁思成、刘敦桢被聘请到学社来共同从事研究工作。

　　梁思成 1927 年毕业于美国宾夕法尼亚大学，获建筑硕士学位。在宾夕法尼

---

　　① 以后简称"营造学社"或"学社"。
　　② 北平宝珠子胡同七号。

亚大学学习期间，他看到西方国家对本民族的建筑史已有系统的研究，而中国作为一个东方的文明大国，却没有自己的建筑史。当时，西方学者尚未注意到中国建筑的发展和技术，但日本学术界已开始注意中国。如著名学者大村西崖、常盘大定、关野贞等，都对中国建筑艺术有一定的研究。他相信，如果我们不整理自己的建筑史，那么这块领地早晚会被日本学术界所占领。作为一个中国建筑师，他不能容忍这样的事情发生。他还看到，大量祖国珍贵的文物被帝国主义所掠夺，如云冈、龙门、南北响堂山、敦煌等地宝贵的雕像纷纷落入美、英、法等帝国主义手中。他就读的宾夕法尼亚大学那小小的博物馆里，竟藏有我国唐太宗昭陵六骏之一的石刻。这更加刺痛了他的民族自尊心。同时，这些精美的雕塑又激发了他研究中国雕塑史的兴趣。这些塑像的时代特征及它们历史发展的演变过程，也是研究古代建筑史、鉴定庙宇建造年代的重要佐证。

1925 年，梁思成在宾夕法尼亚大学时收到父亲梁启超寄给他的陶版《营造法式》。他想，既然在宋代我国已有了系统阐述建筑的书，可见中国建筑发展到宋代已经很成熟了，遂坚定了研究中国建筑史的决心。

1927 年，梁思成结束了宾夕法尼亚大学的学业，转入哈佛研究生院，准备以"中国宫室史"的课题完成他的博士论文。然而他在哈佛三个月后读遍了有关中国建筑方面的论文，查阅了所有的资料，认为"中国宫室史"不可能在现有资料的基础上完成。他必须回国进行实地调查。他和导师约定，回国进行古建筑调查，两年后提交论文。1928 年，梁思成回国，先在东北大学任教，1930年加入学社，1931 年到学社担任法式部主任。

无独有偶，这时比梁思成年长四岁的刘敦桢先生，早在 1916 年至 1922 年间就在日本东京高工建筑系学习。1922 年学成归国。在日本学习期间，他注意到日本政府和民间都很注意保护古迹，联想到更为丰富的中国古代建筑艺术在当时只有日本和德、法诸国的少数学者做过一些考察与研究，而国内学术界反而寂寂无闻。这种反常现象使刘敦桢深感惭愧与痛苦，但也促使他树立了日后致力研究中国建筑的决心。回国后，他广泛地查阅资料，并利用假期考察江南一带的古建筑和遗址，于 1928 年发表了首篇论文《佛教对中国建筑之影响》，1931 年又陆续译了《法隆寺与汉六朝建筑式样之关系》和《玉虫厨子之建筑价值》两篇日文著述。这些著译引起了朱启钤的注意。刘先后在苏州工专、中央大学建筑系两校任教。1931 年加入学社，1932 年离开中大，到学社任文献部主任。不久，单士元、邵力工、莫宗江、陈明达、刘致平等先后加入学社，组成了强有力的、效率极高的研究班子。

事实证明，朱启钤、梁思成、刘敦桢三人的结合，加上人才济济的研究班子，是学社之所以能在短期内取得如此丰硕成果的前提。当然，首先是朱、梁、刘三人的努力与合作。

社员的情况比较复杂，主要由以下几类人组成：

一是财界和政界人士。他们直接从经费上或行政上支持学社的工作。如负责中美、中英庚款的官员周诒春、任鸿隽、徐新六、朱家骅、杭立武、叶恭绰、李书华，财界人士有钱新之、周作民、胡笔江、任凤苞、叶揆初、吴延清。

二是学术文化界人士。作为一个学术团体，要想取得社会的承认，必须有一定的学术水平。但学社初创，尚未出成果。为了提高学社的知名度，就只有邀请当时已享有盛名的学者和文化界人士入社，以提高学社的声望。他们是汉学家胡玉缙、美术史家叶瀚、史学家陈垣、地质学家李四光，以及考古学家李济、马衡、吴其昌、金开藩、袁同礼、马世杰、孙壮、裘善元、叶公超等。

三是建筑界人士。有鲍鼎、庄俊、华南圭、关颂声、杨廷宝、赵深、陈植、彭济群、汪申伯、徐敬直、夏昌世、林志可、卢树森、关祖章。可以说，当时著名的建筑师均加入了学社，可见建筑界对学社的支持。

四是老交通系成员及社会名流。这些人大都与朱有多年的交往，本人亦有一定的财力，支持学社的工作，并为之解囊相助。其中，陶湘、郭葆昌是校订出版《李明仲营造法式》的主要人士。

五是营造厂商。有陆根泉、钱馨如、赵雪访、马辉堂、宋华卿。其中，马辉堂和他的徒弟宋华卿是前清木厂主，专事承包皇家工程，精通清式做法。赵雪访是琉璃厂厂主，马、宋、赵三人是以古建专家的身份被邀请入社的。

六是外籍学者。美籍有翟孟生、温德、费慰梅，德籍有艾克、鲍希曼，日籍有松崎鹤雄、桥川时雄、荒木清三。

有人不太理解，认为一个学术团体为何要拉这么多官僚、资本家来入社，与研究工作毫无关系。笔者认为，朱启钤在吸收社员时是很有一番考虑的。20世纪30年代，国民政府财政困难，不可能对学社这样的学术团体提供经费，只有从能为科教事业提供经费的庚款或从某些大银行取得赞助。因此，必须取得庚款基金会董事们、教育部的官员和各大银行的董事、董事长、总裁们的理解和认可，这就是在社员中出现这么多官员、资本家的原因。除了以上财政界的人士外，如果学社没有知名度较高的研究人员入社，只靠梁思成、刘郭桢这两个尚未崭露头角的年轻人，则经费的审批亦恐难以通过。故而，朱启钤积极邀请了不少史学家、考古学家、美学家等知名学者入社，以壮声势。再有，当时社会治安很差，外出调研时工作人员的安全有赖于当地政府的保护；所以，每次外出调研，社长朱启钤均事先通过社员中有关的党政头面人物，向当地政府打招呼。每到一处，各县县长、教育局长均亲自接待，并派员向导，必要时还派保安人员护送。

综上观之，可见朱对社员的组成，绝非出自私交，而是从开展学社的事业着眼，是十分明智的。学社之所以取得这样辉煌的成果，在很大程度上有赖于全体社员的支持。

这里还要特别提到外籍社员的加入和作用。朱启钤认为：东西文化交互往来，"有息息相通之意，一人之智识有限，未启之秘奥实多，非合中外人士之有志者，及今旧迹未尽沦灭，奋力为之不为功"。

他欢迎外籍人士入社，并在汇刊上介绍国外对中国建筑研究的动态。外籍学者中如鲍希曼、艾克与学社均有一些学术上的交往，二人均著有多篇有关中国建筑的论文。艾克还收集了不少闽南地区古建筑的资料送给学社。美籍社员费慰梅通过多年对山东武梁祠画像石的研究，也做出不小的贡献。

学社成立伊始，与日本学术界的交往最为频繁。除了三位日籍学者入社外，早于1930年，日本著名的建筑史学家伊东忠太就到学社做过《中国之建筑》的学术报告。1931年，社员阚铎为《营造词汇》的编纂工作，专程赴日访问，受到伊东忠太、关野贞、池内宏、田边泰等多人及日本建筑学会术语编纂学会的接待。

学社有三位日本社员荒木清三、桥川时雄、松崎鹤雄。荒木是建筑师，他曾参加《营造词汇》的编纂工作。桥川时雄和松崎鹤雄老师是研究汉学的。桥川是以东方文化总委员会成员身份加入学社①，松崎是大连图书馆的司书②，桥川、松崎二人与阚铎、瞿兑之及国内文化界一些知名人士颇有交往。他们二人除表面上的工作外，还负有为日本收集我国珍贵古籍的任务。陶湘"涉园"藏书中的丛书部分，共五百七十四种二万七千九百册，即被东方文化总委员会属下的京都日本东方文化学院囊括而去。据笔者推测，具体办理这项工作的必定是松崎、桥川二人。③

20世纪30年代日本军国主义政府对中国采取扩张主义，首先侵略了我国东三省。这种扩张主义野心与民族沙文主义思想，也影响到学术界。如伊东忠太于1930年在学社所做的学术报告《中国之建筑》中曾说："完成如此大事业，其为中国国民之责任义务，固不待言。……而吾日本人亦觉有参加之义务。盖有如前述：'日本建筑之发展得于中国建筑者甚多也。……'据鄙人所见：在中国方面，以调查文献为主；日本方面，以研究遗物为主，不知适当否？"④他的这番话是对着当时从事中国古建筑研究的社员们说的，可见他对中国学术界、建筑界的蔑视到了何等地步。到了1936年，在日本大规模入侵中国的前夕，日本对中国的侵略野心已扩张到了极点。伊东在他的新著《中国建筑史》一书中

---

① 详见后文社员简介"桥川时雄"条。

② 当时大连被日本占领。

③ 从桥川时雄20世纪30年代在北京出版的《文字同盟》中可见到一些蛛丝马迹。

④ 伊东忠太博士讲演"中国之建筑"，《中国营造学社汇刊》一卷二期。

也宣称："研究广大之中国，不论艺术，不论历史，以日本人当之皆较适当。"①
这些话虽是伊东个人所言，但也代表了 20 世纪 30 年代日本建筑界乃至学术界
头面人物的观点。他们的殖民主义思想，昭然若揭。

所以，当九一八事变发生后，梁思成、刘敦桢二人坚决反对与日本侵略者
有任何形式的来往，于是断绝了与日本各学术团体的联系，三个日籍社员也就
先后离开了学社。这是学社同人坚持民族自尊，反击侵略者的正义行为。

中国营造学社历年社员名录

中国营造学社历年社员名录（1930 年）

部　门	成　员
评议	华南圭　周诒春　郭葆昌　关冕钧　孟锡珏　徐世章　荣　厚　吴延清　张文孚　马世杰　张万禄　林行规　温　德　翟孟生　李庆芳
校理	陈　垣　袁同礼　叶　瀚　胡玉缙　马　衡　任凤苞　叶恭绰　江绍杰　陶　湘　孙　壮　卢　毅　荒木清三
参校	梁思成　林徽因　陈　植　松崎鹤雄　桥川时雄

中国营造学社历年社员名录（1931 年）

部　门	成　员
评议	华南圭　周诒春　郭葆昌　关冕钧　孟锡珏　徐世章　荣　厚　吴延清　张文孚　马世杰　张万禄　林行规　温　德　翟孟生　李庆芳　何　遂　艾　克
校理	陈　垣　袁同礼　叶　瀚　胡玉缙　马　衡　任凤苞　叶恭绰　江绍杰　陶　湘　孙　壮　卢　毅　荒木清三　王荫樵　卢树森　刘敦桢　金开藩　唐在复　刘嗣春　叶公超
参校	林徽因　陈　植　松崎鹤雄　桥川时雄　翁初白　许宝骙　关祖章　赵　深

---

① ［日］伊东忠太：《中国建筑史》，1936 年，第 12 页。

中国营造学社历年社员名录（1932 年）

部　门	成　员							
干事会	朱启钤　周作民	周诒春　钱新之	叶恭绰　徐新六	孟锡珏　裴善元	袁同礼	陶　湘	陈　垣	华南圭
评议	郭葆昌　林行规	关冕钧　翟孟生	徐世章　李庆芳	吴延清　何　遂	张文孚　艾　克	马世杰　鲍希曼	张万禄　彭济群	
校理	马　衡　卢树森	叶　瀚　金开藩	胡玉缙　唐在复	任凤苞　刘嗣春	江绍杰　叶公超	孙　壮　林徽因	陶　洙　吴其昌	刘南策　汪申伯
参校	陈　植　松崎鹤雄　桥川时雄　关祖章　赵　深　林志可　宋麟徵							

中国营造学社历年社员名录（1933 年）

部　门	成　员							
干事会	朱启钤　周作民	周诒春　钱新之	叶恭绰　徐新六	孟锡珏　裴善元	袁同礼	陶　湘	陈　垣	华南圭
评议	郭葆昌　李庆芳	徐世章　何　遂	吴延清　艾　克	张文孚　鲍希曼	马世杰　彭济群	张万禄	林行规	翟孟生
校理	马　衡　金开藩　单士元	胡玉缙　唐在复	任凤苞　刘嗣春	江绍杰　叶公超	孙　壮　林徽因	陶　洙　吴其昌	刘南策　汪申伯	卢树森　谢国桢
参校	陈　植　松崎鹤雄　桥川时雄　关祖章　赵　深　林志可　宋麟徵							

中国营造学社历年社员名录（1934 年）

部　门	成　员							
干事会	朱启钤　周作民	周诒春　钱新之	叶恭绰　徐新六	孟锡珏　裴善元	袁同礼	陶　湘	陈　垣	华南圭
评议	郭葆昌　李庆芳	徐世章　何　遂	吴延清　艾　克	张文孚　鲍希曼	马世杰　彭济群	张万禄	林行规	翟孟生
校理	马　衡　金开藩　单士元	胡玉缙　唐在复　夏昌世	任凤苞　刘嗣春　赵世暹	江绍杰　叶公超	孙　壮　林徽因	陶　洙　吴其昌	刘南策　汪申伯	卢树森　谢国桢
参校	陈　植　桥川时雄　关祖章　赵　深　林志可　宋麟徵							

中国营造学社历年社员名录（1935 年）

部　门	成　员							
理事会	朱启钤 张文孚	周诒春 李书华	叶恭绰 关颂声	孟锡珏 李四光	袁同礼 李　济	周作民 任鸿隽	钱永铭 裘善元	徐新六 章元善
社员 以入社先后 为序	朱启钤 徐世章 梁思成 唐在复 吴其昌 彭济群 钱永铭 张学铭 李　济 鲍　鼎 陆根泉	陶　湘 郭葆昌 何　遂 马世杰 赵　深 汪申伯 徐新六 胡笔江 李书华 邵力工 张　毅	孟锡珏 任凤苞 吴延清 张万禄 林徽因 卢树森 叶揆初 黎重光 林志可 刘汝霖	周诒春 瞿宣颖 宋麟徽 林行规 陈　植 刘敦桢 翁初白 吴泰勋 单士元 刘致平	袁同礼 张文孚 关祖章 温　德 李庆芳 瞿祖豫 许宝骙 钱馨如 夏昌世 马辉堂	华南圭 陶　洙 叶公超 翟孟生 江绍杰 梁启雄 胡玉缙 任鸿隽 赵世遒 徐敬直	叶恭绰 刘南策 刘嗣春 孙　壮 艾　克 谢国桢 张学良 章元善 关颂声 宋华卿	陈　植 马　衡 金开藩 裘善元 鲍斯曼 周作民 庄　俊 李四光 杨廷宝 赵雪访

中国营造学社历年社员名录（1936 年）

部　门	成　员							
理事会	朱启钤 叶揆初 林行规	周诒春 钱永铭	叶恭绰 张文孚	朱家骅 关颂声	李书华 赵　深	徐新六 袁同礼	杭立武 李　济	孙洪芬 裘善元
社员 以入社先后 为序	朱启钤 徐世章 梁思成 唐在复 吴其昌 彭济群 钱永铭 张学铭 李　济 鲍　鼎 陆根泉	陶　湘 郭葆昌 何　遂 马世杰 赵　深 汪申伯 徐新六 胡笔江 李书华 邵力工 张　毅	孟锡珏 任凤苞 吴延清 张万禄 林徽因 卢树森 叶揆初 黎重光 林志可 刘汝霖 朱家骅	周诒春 瞿宣颖 宋麟徽 林行规 陈　植 刘敦桢 翁初白 吴泰勋 单士元 刘致平 杭立武	袁同礼 张文孚 关祖章 温　德 李庆芳 瞿祖豫 许宝骙 钱馨如 夏昌世 马辉堂 孙洪芬	华南圭 陶　洙 叶公超 翟孟生 江绍杰 梁启雄 胡玉缙 任鸿隽 赵世遒 徐敬直	叶恭绰 刘南策 刘嗣春 孙　壮 艾　克 谢国桢 张学良 章元善 关颂声 宋华卿	陈　植 马　衡 金开藩 裘善元 鲍希曼 周作民 庄　俊 李四光 杨廷宝 赵雪访

中国营造学社历年社员名录（1937 年）

部　门	成　员						
理事会	朱启钤　周诒春　叶恭绰　朱家骅　李书华　徐新六　杭立武　孙洪芬 叶揆初　钱永铭　张文孚　关颂声　赵　深　袁同礼　李　济　裘善元 林行规						
社员 以入社先后 为序	朱启钤　陶　湘　孟锡珏　周诒春　袁同礼　华南圭　叶恭绰　陈　植 徐世章　郭葆昌　任凤苞　瞿宣颖　张文孚　陶　洙　刘南策　马　衡 梁思成　何　遂　吴延清　宋麟徵　关祖章　叶公超　刘嗣春　金开藩 唐在复　马世杰　张万禄　林行规　温　德　瞿孟生　孙　壮　裘善元 吴其昌　赵　深　林徽因　陈　植　李庆芳　江绍杰　艾　克　鲍斯曼 彭济群　汪申伯　卢树森　刘敦桢　瞿祖豫　梁启雄　谢国桢　周作民 钱永铭　徐新六　叶揆初　翁初白　许宝骙　胡玉缙　张学良　庄　俊 张学铭　胡笔江　黎重光　吴泰勋　钱馨如　任鸿隽　章元善　李四光 李　济　李书华　林志可　单士元　夏昌世　赵世暹　关颂声　杨廷宝 鲍　鼎　邵力工　刘汝霖　刘致平　马辉堂　徐敬直　宋华卿　赵雪访 陆根泉　张　毅　朱家骅　杭立武　孙洪芬　张起飓						

中国营造学社职员简介

梁思成

梁思成（Liang Sicheng，1901—1972），广东省新会县人。生于日本东京，卒于北京。

1923 年，毕业于清华学校。1924—1927 年，在美国宾夕法尼亚大学学习建筑，获学士和硕士学位。1927—1928 年 在美国哈佛大学研究院研究世界建筑史。1928—1931 年，创办东北大学建筑系并担任系主任至 1931 年。1930 年，加入中国营造学社。1931—1946 年,任中国营造学社法式部主任,研究中国古代建筑。

1933—1946 年，任中央研究院历史语言研究

梁思成

所通讯研究员并兼任研究员。1948 年，当选为中央研究院院士。1946 年，创办清华大学建筑系并担任系主任直至逝世。

1940 年 10 月至 1947 年，任美国耶鲁大学聘问教授、联合国总部大厦设计委员会成员。在此期间，美国普林斯顿大学授予梁思成名誉文学博士学位。1949 年起，他先后任北平都市计划委员会副主任、北京市建设委员会副主任。1953 年起，任中国建筑学会副理事长。1955 年，当选为中国科学院技术科学部学部委员。1959 年，加入中国共产党。

梁思成长期研究中国古代建筑，为中国建筑史的研究做出了开创性、奠基性的工作。他在中国营造学社期间，首先应用近代科学的勘察、测量、制图技术和比较、分析的方法进行古建筑的调查研究，发表了调查研究专文十多篇。他对中国建筑古籍文献进行了整理和研究，并根据实物调查和对工匠实际经验的了解，于 1932 年写成《清式营造则例》一书。

梁思成从 20 世纪 50 年代起，热情宣传祖国建筑遗产。他十分重视吸取古建筑的精华以创造具有民族特征的新建筑，写有《北京——都市计划的无比杰作》《我国伟大的建筑传统与遗产》《建筑创作的几个重要问题》《进一步探讨建筑中美学问题》等文。他是中华人民共和国国徽及人民英雄纪念碑建筑设计的领导人。1963 年，为纪念唐代高僧鉴真东渡日本一千二百周年，他做了扬州鉴真纪念堂方案设计。在此期间，他继续从事研究工作，著有《营造法式注释》（1983）等专著。

梁思成的著作已编成《梁思成全集》十卷出版（2001 年版）。他的专著 *A Pictorial History of Chinese Architecture*（《中国建筑史图释》英文版）于 1984 年在美国出版，

《北京——都市计划的无比杰作》手稿

获得 1984 年度美国出版物奖。

刘敦桢

刘敦桢

刘敦桢（Liu Dunzhen，1897—1968），字士能，湖南省新宁县人，卒于南京。早年就读于长沙楚怡学校。

1913 年留学日本。1921 年，毕业于东京高等工业学校建筑科。1922 年回国后在上海建筑师事务所工作。1925 年任教于苏州工业专科学校建筑科。1927 年该校和东南大学等合并成为国立第四中山大学。1928 年，改称国立中央大学，柳士英、刘敦桢、刘福泰等在中央大学创立中国最早的建筑系。他是中国建筑教育的开拓者之一。

1931 年加入中国营造学社。1932 年任中国营造学社文献部主任，他与该社法式部主任梁思成共同调查各地古建筑，发表古建筑调查研究专文十多篇。1943 年返中央大学任教。1944 年起任建筑系主任兼重庆大学教授。1946 年起任中央大学工学院院长。

1949—1952 年刘敦桢任南京大学建筑系教授。1952—1968 年，任南京工学院建筑系教授。1953 年，创办中国建筑研究室，广泛调查民居和南方古建筑，深入调查苏州园林。重要著作有《中国住宅概说》（1957）、《苏州古典园林》（1979）。他在民居和园林两个领域的开创性研究，影响很大。

1959 年起，他主编《中国古代建筑史》（1980），总结国内研究成果，为中国建筑史这门学科做出重大贡献。1955 年，刘敦桢当选为中国科学院技术科学部学部委员。1964 年，当选为第三届全国人民代表大会代表。1956 年，加入中国共产党。1982 年，出版《刘敦桢文集》四卷本。

其他社员 ①

陈明达（Chen Mingda，1914—1997）

湖南祁阳人。与莫宗江是小学同学。

1932年，经莫介绍到学社工作。他与陈仲篪、王璧文协助刘敦桢查找文献。陈明达是刘敦桢的主要研究助手。刘每次田野考察工作，陈必随同，归来负责整理测绘资料，绘制图版。他才思敏捷，往往对问题有自己独到的见解。由于他长期配合刘敦桢工作，受刘影响颇深，在学术研究上十分严谨。

1935年，提升为研究生。1940年抗战时期，他与刘敦桢、梁思成等对西南地区四十余县进行了古建筑调查。1942年前后，由学社派往中央博物馆，参加彭山崖墓的发掘工作，历时一年多，共清理了七十六座崖墓、两座砖石墓，出土文物数百件，以陶俑最为丰富。陈明达负责测绘墓葬的建筑结构，并绘制了全部墓葬的建筑结构图纸。他绘制的崖墓地形图，是过去的考古工作都未曾做过的。

1943—1947年，陈明达离开学社到陪都建设委员会西南工程局任职。1953年，调文化部文物处。1960年，调文化部文物出版社。1971年，调国家建委建筑科学研究院历史理论研究所任职。1987年离休，离休后仍不断著述。

他的著作丰厚，专著有《应县木塔》《营造法式大木作研究》《中国古代木结构建筑技术》等，发表的学术论文共二十八篇，约二十五万字，均已收入《陈明达建筑与雕塑史论文集》。

陈仲篪（Chen Zhongchi，生卒年不详）

1933年前后，入学社工作，日常工作为协助刘敦桢查找古籍。1935—1937年，升为研究生。1949年后，曾在北京图书馆工作。

---

① 按姓氏拼音为序。

纪玉堂（Ji Yutang，1902— ？ ）

河北人。

1934 年，到学社任测工。1936—1937 年，升测绘员。抗日战争爆发后，学社在北平解散。1937—1941 年，仍留在学社担任保管员工作。抗战胜利后，他到清华大学建筑系任总务。1949 年后，在清华大学基建科任科长。病逝于清华。

阚铎（Kan Duo，1875—1934 ）

字霍初，号无水，安徽合肥人，毕业于日本东亚铁路学校。

1914 年回国后，任北京政府交通部秘书。1924 年，任全国烟酒事务署秘书。1925 年，任临时参政院参政。1927 年，任国民政府司法部总务厅厅长，东北铁路局技师。在学社兴办初期，曾为编纂《营造词汇》赴日，访术语委员会会长笠原敏郎等人。与日籍社员松崎鹤雄、桥川时雄等过往甚密。

1937 年九一八事变后退出学社，赴任伪满洲国奉天铁路局局长，兼四洮铁路管理局局长。后在满日文化协会做动员学者，从事博物馆建设、古书复制、国宝建造物的保存工作，曾为伊东忠太、关野贞从事热河研究做准备工作，为日本殖民活动出了力。著有《红楼梦抉微》《阚氏故实》等。

刘南策（Liu Nance，生卒年不详 ）

江苏常州武进人。北洋大学土木系毕业，留学日本。陶湘的女婿。曾任北平政府技正。敌伪时期，任华北行政委员会建筑总署处长，任职期间做了一些保护北平古建筑的工作。曾与基泰公司合作，主持测绘北平故宫。

梁启雄（Liang Qixiong，1909—1965 ）

字述任，广东新会人，生于澳门。梁启超胞弟，古典文学家。自幼在父亲梁宝瑛所设私塾中念书。

1915 年，到京就读于崇德中学。1916 年，入天津南开中学。1921 年，入南开大学文科学习直至毕业。1925 年，梁启超在清华学校任教时，他从兄做助教，得兄教诲，学先秦诸子，以此为基础，利用业余刻苦自学。历任东北大学讲师、营造学社编纂、北平交通大学文学系讲师、国立北平图书馆馆员，曾在辅仁大学、燕京大学中文系、历史系任教，北京大学中文系、哲学系副教授、教授。

1955 年，调至中国科学院社会科学部，任哲学研究所研究员。主要著作有《荀子柬释》（1936）、《二十四史传目引得》（1936）、《荀子简释》（1955）、《韩非子浅解》（1960）等。

刘致平（Liu Zhiping，1909—1995）

字果道，辽宁铁岭人。

1928 年入东北大学建筑系。1931 年，九一八事变后转入中央大学建筑系借读。1932 年毕业后到上海华盖建筑事务所工作。刘在华盖工作期间，深感在我国大城市中建筑设计很难摆脱半殖民地、半封建的文化而独创出自己本民族的建筑文化。特别是华盖在外交部大楼设计中采用民族风格的失败这件事，让刘致平深感真正要解决建筑的民族形式这一问题，除非是较长期地在中国古建筑里受到彻底的熏陶，然后加以批判地吸收取其精华弃其糟粕，否则问题是难以得到解决的。

1934 年，经刘福泰介绍，刘到浙江省风景整理建设委员会任建筑师。在此时期，测绘了杭州六和塔，准备六和塔的修复工作。不久，此委员会与钱塘江大桥工程处合并。六和塔的修理复原工作交给中国营造学社梁思成负责。刘致平也就随着这一任务来到学社。

刘致平来到学社后，便开始系统地研究中国古建筑。他被安排在梁思成的法式组。当时，邵力工帮助梁绘制《清工部工程做法》补图。梁思成嘱刘按照"做法"原文进行校正及注尺寸、文字等工作。因此，他很快地通过这一工作接受了前人的成果，弄通了清式工程做法及建筑名词等。刘的另一项工作是协助梁思成编辑《中国建筑设计参考图集》。该图集在七七事变前已出了十辑。此外，刘还在梁思成指导下继续杭州六和塔的复原设计，并开始调查沧州古建筑以及拟定正定隆兴寺和赵县大石桥的修理保护计划。刘在沧州调查时看到了很多伊斯兰的建筑，感到它在建筑的工程技术及艺术方面有许多独到之处，从而引起了对伊斯兰教建筑的兴趣。此后，他不断地注意研究各地的伊斯兰教建筑，成为最早研究我国伊斯兰教建筑的专家。

1937 年七七事变前，他还对北海静心斋、恭王府做了测绘及研究；尤其是在园林叠石方面下了很多功夫，还特别求教于张蔚庭先生 ①，深受教益，总结了传统园林叠石的丰富经验。抗日战争爆发后，学社部分同人在大后方恢复研究工作。为了利用中央研究院的图书资料，学社一直跟随中央研究院搬迁。这一时期，刘阅读了大量历史、考古方面的书籍，并接触了很多史学、考古学方面的专家，使他在史学方面的造诣日深。在昆明时，他开始注意到云南的"一颗印"民居，认为民间住宅或府第特别是农村住宅，是建筑师创作最好的源泉，是最合实际的参考资料。从此，他又开拓了民间乡土建筑的研究。抗战胜利后，他随梁思成到清华大学创办建筑系，任教授。

1958 年，为了集中精力搞研究工作，刘致平调至建筑科学研究院建筑历史理论研究室。刘致平的研究工作往往是具有开创性的。如对四川广汉县志建筑部分的编修，从城市规划、布局、城垣到公共建筑、民居等均做了系统调查，绘制成套图卷。这是将现代建筑科学的研究方法用于我国县志的创举。正如吴良镛教授所说：刘致平对"中国建筑研究别有蹊径"，"是对中国建筑类型作系统研究的拓荒者"。他的主要著作有《中国建筑设计参考图集》《云南一颗印》《中国建筑类型及结构》《中国居住建筑简史——城市·住宅·园林》《中国伊斯兰教建筑》等。

---

① 作者原文为"张尉廷"，据汪菊渊《中国古代园林史》改为"张蔚庭"，清代山石张家的后代。——编者注

罗哲文（Luo Zhewen，1924—2012）

四川宜宾人。

1940 年，在四川李庄考入中国营造学社，练习生。师从刘敦桢、梁思成学习古建筑。当时，莫宗江正协助梁思成研究《营造法式》大木作的构造做法，并把研究成果用工程图的方法准确地绘制出来。罗也就从此开始了他的古建筑学习与制图。这是一个十分难得的学习机会。在李庄期间，他还协助刘致平等参加了部分古建筑及民居的测绘。五年多的时间里，初步掌握了古建筑的勘察测绘、制图和整理研究的基本知识和技能。抗战胜利后，他随梁思成到清华大学建筑系工作。中华人民共和国成立后，因工作需要调到文化部文物局从事古建筑的保护和勘察研究工作，为勘察古建筑跑遍了全国各地。曾沿长城全线做过深入的考察，结合文献对长城进行了深入的研究。几十年来，对我国古建筑的普查，对古建筑的保护与维修做出了很大贡献。他是中国营造学社培养的最后一个古建筑专家。

1983 年，罗哲文当选为六届全国政协委员、全国政协文化组副组长，曾任中国文物研究所所长、国家文物管理局古建专家组组长，教授级高级工程师。有专著《长城史话》《万里长城》《中国古代建筑简史》《中国古塔》《中国帝王陵》《中国佛寺》等十余种，考察研究报告和有关古建筑、文物的学术论文等百万字。

刘汝霖（Liu Rulin，生卒年不详）

河北宁晋县人，曾就读于东北大学，后转入北大史学系毕业，在学社担任文献工作。

卢绳（Lu Sheng，1918—1977）

江苏南京人。

1942 年，毕业于中央大学建筑系。他爱好中国文学，古文基础颇深。大学毕业后，因感到对我国古建筑知识不够深入，进而到学社进修，任研究助理。

此时，正值梁思成撰写《中国建筑史》，他与林徽因、莫宗江共同协助梁工作。卢在元、明、清文献资料的收集和初步整理上费了不少气力。1944—1949年回到中大建筑系任助教。

1949—1952年在北京大学建筑系任讲师、副教授。1952—1977年任天津大学建筑系副教授。

主要著作有《宜宾旧州坝墓塔实测记》《关于南京栖霞山舍利塔的建筑年代》《旋螺殿》《承德避暑山庄》《承德外八庙》《北京清故宫乾隆花园》《天津近代城市建筑简史》等。

莫宗江（Mo Zongjiang，1916—1999）

广东新会人。莫宗江幼年丧母，十岁时父亲因经商失败，弃家出走。莫及他的兄弟姐妹被安置在宣武门外的新会新馆居住，靠哥哥的微薄收入生活，从此失学。当时，北平图书馆在宣武门内有个分馆，馆藏不少有名的字帖。他小学时每天上下课经琉璃厂到图书馆去临摹字帖，由此练就了一手好字。他往往一两小时地停留在琉璃厂看人们刻图章，看毛笔工做毛笔，看荣宝斋的师傅刻版画、裱画。他上的是社会大学，很多事就这样学会了。

1931年底，莫宗江经梁思敬介绍到学社工作，分到法式组，给梁思成当助手。梁看他非常聪明，字画都好，很有培养前途，因而常常把自己收集的优秀建筑画借给他看，还把弗莱彻①写的《建筑史》一书借给他，要他带回去细细琢磨，并说，弗莱彻这本书中的全部插图是由弗莱彻的一位助手画的。梁思成希望莫好好学习，将来也能为梁写的中国建筑史画一套插图，"我们出的成果，一定要达到世界的最高水平"。这句话莫宗江记在心底，而且一直为此奋斗，终于偿还了导师的心愿。

营造学社是个温暖友爱又要求严格的集体，这使陈明达、莫宗江得以很快

① 弗莱彻（Sir Banister Fletcher，1866—1953），英国人，出生于伦敦，建筑家和建筑史学家。

地成长。他们的成长主要是靠自学。开始，莫协助邵力工画《清工部工程做法则例》的图。这时，梁思成正在研究清式营造法式，每天把学习成果用工程画的形式整理出来。莫每天到梁的绘图桌前去"读图"，这样莫也就学懂了清式则例。梁思成对莫的培养，很注意言传身教，贵在培养其独立工作能力，从不对他高谈理论。星期日鼓励他去郊外画水彩，他的图画错了，梁思成就亲自示范；碰到问题就介绍他阅读有关的书籍，让他自己寻找答案。那时，学社同人古汉语基础都很好，莫就努力自学，学完了前四史和《水经注》《梦溪笔谈》等重要古籍参考书。抗日战争前，他每年随同梁思成外出调研，跑遍了山西、河北的各县市及山东、河南、陕西的部分地区。

1935年，提升为研究生。抗日战争时又与梁思成、刘敦桢、陈明达对西南地区四十多个县进行了大量的古建筑考察。1942年，学社派他参加中央研究院对王建墓的发掘工作，莫在发掘工作中做出成绩。1944年，在他到学社十三年后，一套精美的中国建筑史插图问世了。这是他为梁思成的《中国建筑史》一书绘制的。

1944年莫宗江提升为副研究员。抗日战争胜利后，莫随梁思成到清华大学创办建筑系，任讲师、副教授、教授。未受过正规教育而受聘于清华的学者，除了王国维外，可能就只有莫宗江了。1949年后他继续在清华任教。

1958年建筑科学院建筑理论历史研究室决定编写《中国古代建筑史实稿》，刘敦桢先生负责主编。莫宗江负责撰写其中隋至元部分的城市建筑及"总结"一章中的"城市"一节。

1959年《中国古代建筑史》初稿完成，为内部参考发行。莫宗江对中国建筑史研究造诣很深，对传统园林亦有深入的研究。他对"颐和园""王建墓""中国城市史"曾做过专题研究，有十分精辟的见解，可惜均未最后成书。已发表的著作有《山西榆次永寿寺雨华宫》《涞源阁院寺文殊殿》等。

麦俨曾（Mai Yanzeng，生卒年不详）

康有为外孙。毕业于北平大学艺术专科学院建筑系，在学社担任绘图工作。

1935 年升研究生，1937 年后赴香港。

瞿兑之（Qu Duizhi，1894—1973）

名宣颖，字兑之，湖南长沙人，瞿鸿禨之子。毕业于上海复旦大学，获文学学士学位。历任北京政府国务院秘书、国史编纂处处长、印铸局局长、河北政府秘书长、国民政府内政部秘书等，并任天津南开大学、国立北平师范大学、东京大学及辅仁大学教授。敌伪时期改名益锴，任伪华北行政委员会秘书长等职。著有《汪辉祖传述》《方志考稿》《长沙瞿氏家乘十卷》《中国骈文概论》《北平史表长编》《中国历代社会史料丛抄》等。

瞿祖豫（Qu Zuyu，1907—?）

号仲捷，湖南长沙人。早年毕业于北京财政商业高等学校及燕京大学宗教学院社会服务专科。曾任北京基督教青年会干事，中华平民教育促进会干事、秘书，中央银行经济研究处编纂等职。

1949 年后在中等学校工作。1971 年退休。

1929—1931 年，经瞿兑之介绍，到学社担任翻译工作及一些事务性工作。译有英叶慈博士[①]《营造法式之评论》《论中国建筑》《建筑中国式宫殿之则例》《中国屋瓦》、美福开森《中国屋瓦考书后》、英爱迪京[②]《中国建筑》等。

单士元（Shan Shiyuan，1907—1998）

又名单乾，北京人。少年半工半读。

1925 年考入北京大学史学系。1929 年毕业后考入北京大学研究所国学门，研究历史及金石学。毕业后，曾在北平国立、私立各大学校任讲师、副教授、教授。1925 年起入清室善后委员会工作，该委员会即故宫博物院前身。单士元长期任

---

① 叶慈（Walter Perceval Yetts，1878—1957），英国外科医生、汉学家。

② 爱迪京（Joseph Edkins，1823—1905），英国传教士、著名汉学家。

故宫文献馆馆员、馆长。1956 年，兼行政副院长直至离休。

1931 年到学社文献组工作。与谢国桢、梁思成、刘敦桢等人共同以四库本等与陶本《营造法式》互校，完成了《营造法式》的最后校订工作。1933 年成为正式社员。当时，为了学社研究工作的方便，北京图书馆为学社专辟一研究室，可在室内随便参阅馆藏善本书。单士元为该室负责人。

1949 年后他历任中国建筑科学院历史与理论研究室代主任、北京历史学会顾问、北京出版社编审、中国建筑学会中国建筑史学术委员会主任委员、第五届全国政治协商会议委员。著有《总理各国通商事务大臣年表》《清代档案译名发凡》《中国古代建筑艺术成就论文集》《明代营造史料》等。

宋麟徵（Song Linzheng，生卒年不详）

早年在青岛德国建筑师事务所工作，并习建筑。后随朱启钤从事工程方面工作，对北戴河早期建筑工程付出过很多精力。参与朱启钤对《元大都宫苑考》的研究工作，他与高密两人共同完成了《宫苑考》的全部图纸。新中国成立后，历任机械工业部、故宫、建筑科学研究院工程师。

邵力工（Shao Ligong，1904—1991）

北京人。1925 年毕业于美国俄亥俄州立大学土木建筑工程系函授班。

1932 年入学社任法式助理，1935 年成为正式社员。在梁思成指导下进行以下两项工作：一项是绘制《清工部工程做法》的补图；另一项是对故宫进行全面的测绘，从中路开始。当时，东北大学学生流亡北平，不少学生参加了这一工作，由邵力工带队。可惜，这两项工作均因七七事变而未完成。1937—1949 年在北平开办力工建筑补习学校，任校长兼教员。

1949—1958 年任中国建筑企业公司、中国人民解放军海军工程部工程师、主任工程师。1958—1962 年任中国建筑科学研究院建筑理论历史室工程师。1962—1964 年任哈尔滨建筑工程学院建筑系教授。1964—1966 年，任大庆油田指挥部总工程师，1966 年离休。

陶洙（Tao Zhu，1878—1961）

字心如，江苏常州人。陶湘之弟，前清附生。历任内务部人事科长，芜湖关监督。

1938 年，敌伪时期任伪政府司法委员会秘书长。曾为印刷陶版《营造法式》出力。

王璧文（Wang Biwen，1909—1988）

又名璞子，河北正定人。

1928 年入南堂法文专科学校，1933 年肄业于中法大学文学院，同年入学社。1935—1937 年升研究生，在学社协助刘敦桢从事文献工作。七七事变以后，到北平文物整理委员会和其他工程部门任职，并在土木工程学校兼课教古建筑。

1952 年在宣化建筑公司、市府建设局、第二机械工业部任工程师。1956 年入故宫博物院基建部、文物古建部，任古建工程队总技术指导。

著有《元大都城坊考》《清代石桥涵洞做法》，主编《清工部工程做法注释补图》，参加编审《中国古代建筑技术史》等。

王世襄（Wang Shixiang，1914—1998）

字畅安，祖籍福建，出生于北京。

1941 年毕业于燕京大学研究院，获文学硕士学位。1943—1945 年任中国营造学社助理研究员。1945 年到故宫博物院工作。抗日战争胜利后，任教育部、清理战时文物损失委员会平津区助理代表，在北平清理追还战时被掠夺的文物，赴日本交涉追还战时被日本掠夺的善本书。

1948 年，赴美国及加拿大考察博物馆，于新中国成立前夕回到故宫博物院任陈列部主任。先后任文物局文物博物馆研究员、文物保护科学技术研究所副研究员、文物局古文献研究室研究员，第六届全国政协委员。主要著作有《明代家具珍赏》《明式家具研究》《髹饰录解说》《画学汇编》《清代匠作则例汇编》《雕刻集影》等十部专著及四十多篇学术论文。特别是《明代家具珍赏》《髹饰录解说》的出版，填补了多年来我国在这一领域的学术研究的空白，蜚声国际，为我国的民族文化增添了光辉。

谢国桢（Xie Guozhen，1901—1982）

字刚主，河南安阳人。

1919年赴北京，入汇文学校大学预科。1925年考入清华学校国学研究院，从事历史研究。1927年在南开大学任文史教员，后至北京图书馆担任编纂兼金石部收掌之事。1932年，赴南京任中央大学专任教师并编《河南通志》，后返回北京图书馆任职。

1932年加入营造学社，在学社主要担任《营造法式》的校订工作。1937年七七事变后，曾赴长沙西南联大图书馆任职。1938年，回北平任北京大学史学系教授，曾任汪伪国史编纂委员会简任纂修。抗战胜利后，至昆明云南大学、五华书院讲学。

1949年回上海转赴北京，入华北大学政治研究所学习；同年去天津南开大学历史系任教。1957年调历史研究所工作。1982年在北京病逝。

著有《晚明史籍考》《清开国史料考》《明清之际党社运动考》《北京图书馆善本丛书》《南明史略》《两汉社会生活概述》等。

叶仲玑（Ye Zhongji，1914—1974）

安徽黟县人。

1942年，毕业于中央大学建系。同年留校任教，同年由中央大学派往营造学社进修中国建筑两年，1944年回中央大学。1946年调重庆大学建筑系任教。1947年由重庆大学派往美国深造，获堪萨斯州立大学建筑系硕士学位。

1951 年，回国任重庆大学建筑系主任。1952 年，院系调整后任重庆建筑工程学院建筑系主任。1955 年主持武汉长江大桥桥头堡建筑艺术设计。1974 年，病逝于重庆。

译有《建筑结构设计》，著有《中国建筑营造法》《中国古建筑调研铅笔画册》等。

赵法参（Zhao Fashen，1906—1962）

字正之，祖籍河北乐亭，出生于吉林省梨树县。

1926—1929 年入东北大学化学系预备班。1929 年转入建筑系本科。九一八事变后逃亡至北平。1931—1934 年在北平坛庙管理所任办事员。1932—1934 年参加反帝大同盟，加入中共地下党，被捕入狱，出狱后脱党。

1934—1937 年到营造学社任绘图员。1935 年升研究生。1938—1939 年在大中工程公司工作。1939—1940 年任敌伪北京市公务局技工，1940—1945 年任北京大学工学院讲师，1945—1946 年兼北平文物整理委员会试用技正，1946—1947 年任北洋大学北平部教授，1947—1952 年任北京大学工学院教授，1952—1962 年任清华大学建筑系教授。

主要著作有《元大都平面规划复原的研究》（遗稿）、《中国古建筑工程技术》、《中国建筑通史资料》（北京部分）。

第 三 辑

中国营造学社经费来源

中国营造学社自正式成立以来，最头痛的就是经费问题。1929 年，当周诒春第一次看到学社在中央公园的展览时，就认识到这项研究工作的意义。因此，他主动协助朱启钤向管理中美庚款的中华教育文化基金董事会申请每年一万八千元的补助，共三年。当时周诒春是该会董事之一。董事会讨论后决议，同意补助三年，但款额定为一万五千元。到 1932 年三年期满后，又援例每年向中美庚款董事会申请一万五千元的补助，均得批准。学社工作开展以后，每年一万五千元就远远不够了。1932 年，学社又向中英庚款董事会申请经费，自 1934 年至 1935 年，每年又从中英庚款中获补助一万元。至 1936 年，学社又向中英庚款董事会呈文，请求继续补助研究经费。董事会遂又批准拨款五万四千元，每年支付一万八千元，自 1936 年起分三年付清。

　　除这两项补助外，朱启钤还利用个人的影响，向一些大财团、金融界的首脑人物请求赞助。如周作民、钱新之、徐新六三人就于 1932 年捐款一万元。其他，如张文孚、胡笔江、叶揆初、张学良、林行规、孟锡珏、徐世章、关颂声、马辉堂等人，均有不小的捐赠，但个人捐款数额已无从查考，只知道从 1929 年到 1935 年，私人捐款总数达六万一千零一元。

　　抗日战争后，国家财政更加困难。到 1939 年，庚款补助断绝。学社不再有固定经费，只能每年向教育部、财政部申请。在国难时期，政府所能给的经费也是极有限的。于是，教育部设法把学社的研究人员梁思成、刘敦桢、刘致平、莫宗江、陈明达等人的薪金分别放入中央研究院历史语言研究所及中央博物馆筹备处编制内，以维持他们的生活，其他经费只能每年申请一次。

到了1944年，学社为了恢复《中国营造学社汇刊》的出版，不得不再次求助于社会。因此，汇刊七卷一期的费用是由关颂声、杨廷宝等十五位先生捐助的。捐款数额共计贰万贰千伍佰元。

汇刊七卷一期捐助情况表（按赠款先后顺序）

序号	捐助人	捐助金额（元）
1	关颂声	2000
2	杨廷宝	
3	龙非了	1000
4	钱新之	500
5	马叔平	1000
6	黄家骅	500
7	李惠伯	5000
8	陶桂林	5000
9	鲍 鼎	1000
10	李润章	1000
11	汪申伯	1500
12	陈伯齐	1000
13	刘福泰	500
14	叶仲玑	1500
15	何遂甫	1000

1945年，在费正清夫妇的努力下，美国哈佛大学燕京学社捐助了五千美元。

现将1929年到1936年学社的经费收支情况整理列表于后。

至于1937年以后的收支账目，因档案材料毁于十年动乱，无从查考。从整理出来的材料中得知，自 1929 年至 1937 年，总经费为二十七万元，也是学社的成果最丰硕的时期。抗日战争以后，能查到准确数字的收入只有两笔：一笔是杨廷宝等人的捐赠，一笔是哈佛大学燕京学社五千美元的捐助。

中国营造学社 1929—1937 年经费收支表

项目／年度	1929	1930	1931	1932	1933	1934	1935	1936	1937
中美庚款	15000	15000	15000	15000	15000	15000	15000	15000	15000
中英庚款						10000	10000	18000	18000
私人捐款			1929—1931 1340.1	10000	10000	14700	12900		
银行利息	132.22	238.02	149.42	132.12	265.55	287.92	412.76	138.45	385.66
上年结存		4320.47	4257.02	11.94	278.19	360.78	7880.89	12875.45	852.33
书刊售价		55.90	115.86	677.57	601.67	484.74	5020.64	1000.00	300.00
合　计	15132.22	19614.39	32923.4	26827.75	26145.41	40833.44	51214.29	47013.55	34537.99
临 时 费			13401.10						
薪　俸	3743.40	7913.20	10580.00	15468.6	14215.00	18325.00	21471.00	21471.00	
调 研 费			650.00	1342.52	1593.69	1889.17	890.46	6399.54	
设 备 费	947.67	1444.86	578.25	3699.20	1997.26	1188.29	1803.41	1800.00	
印 刷 费			1260.36	2563.84	3565.15	6727.00	8916.40	6979.30	
开 办 费	4054.06	1027.80							
办 公 费	1782.97	4009.41	2842.03	1437.87	1192.49	1270.44	1361.38	1461.38	
杂　项	283.11	962.10	806.00	956.33	1016.74	1040.51	1063.24	1050.00	
购 书 刊				562.41	930.30	812.34	512.20	500.00	
特殊支出							2262.10 赴上海办展览		
雇用匠作			2817.60	1115.20	1274.00	1700.00	140.00		
拨梁主任									6500.00
合　计	10811.75	15357.37	32935.34	26549.56	25784.63	32952.55	38339.19	46161.22	

第　四　辑

《营造法式》编修及版本

《营造法式》是北宋官订的有关建筑设计、施工的专书，略似今天的设计手册加建筑规范，是中国古籍中最完善的一部建筑技术专书，是研究中国古代建筑必不可少的参考书。在李诚编修《法式》以前，将作监①已奉诏编修《营造法式》，于元祐六年（1091）成书。

关于李诚

　　李诚（约1034—1110），字明仲，郑州管城县人，元祐七年（1092）以承奉郎而为将作监主簿。将作是古代隶属于工部的土建设计施工机构。李诚在将作监任职十三年，负责主持过大量新建与重修的工程，实践经验非常丰富。他还是一位书画兼长的艺术家和渊博的学者。建筑是他一生中最主要的工作。绍圣四年（1097）李诚奉旨重新编修《营造法式》，元符三年（1100）成书。

---

　　① 　将作监，宋代官署名，掌管土木建筑工程等。

《营造法式》的主要内容

《营造法式》全书共三十四卷。

第一、二卷是"总释"。第三卷为壕寨制度和石作制度。"壕寨"大致相当于今天的土石方工程。"石作"大致包括台基、台阶、柱础、石栏杆等。第四卷、第五卷是大木作制度，如梁、柱、斗拱、椽、檐等。第六至十一卷为小木作制度，包括门、窗、栏杆，属于建筑装修部分和佛龛、神龛、经卷书架的做法。第十二卷包括雕作、旋作、锯作、竹作四种制度。第十三卷是瓦作和泥作制度。第十四卷是彩画作制度。第十五卷是砖作和窑作制度。第十六至二十五卷是诸作"功限"，即各工种的劳动定额。第二十六至二十八卷是诸作"料例"，规定了各作按构件的等第大小所需的材料限量。第二十九至三十四卷是诸作图样。

在众卷之首又有"看详"一卷、"目录"一卷。

《营造法式·看详》书影（故宫本）　　　《营造法式·目录》书影（故宫本）

《营造法式》的流传及版本情况

崇宁二年（1103），李诫上书言："窃缘上件《法式》，系营造制度、工限等关防功料，最为要切，内外皆合通行。臣今欲乞用小字镂版，依海行敕令颁降，取进止。"正月十八日，三省同奉圣旨：依奏。于是，刊刻颁行。这是《营造法式》最早的版本，即崇宁本。

北宋末年，金人入侵汴京。一炬，宋室故物荡然无存。而后的二十年，就有重刊的需要了。绍兴十五年（1145），平江府提举王唤[①]重行刊刻。宋代就仅有崇宁、绍兴这两个版本。

目前所知道明代流传的《法式》抄本有四种：一、《永乐大典》本，二、范氏天一阁抄本，三、唐顺之《稗编》抄本，四、明末清初钱谦益绛云楼抄本及陶宗仪《说郛》著录。钱氏绛云楼《法式》有二，其中抄本转手述古堂钱曾，另存一梁溪故家镂本。顺治七年（1650年）绛云楼大火，楼书皆毁，后人也没有再见到梁溪故家的镂本。

清代流传的《法式》抄本较多，有天一阁抄本（即明抄本）、述古堂抄本（即绛云楼本）、丁丙八千卷楼抄本、陈氏带经堂抄本、瞿氏铁琴铜剑楼抄本、陆氏䐀宋楼抄本、蒋氏密

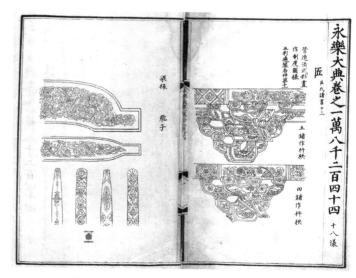

《营造法式》书影（见《永乐大典》散页）

---

① 秦桧妻兄。

韵楼抄本，还有杨墨林刻本及山西杨氏刻丛书本。杨墨林刻本及山西杨氏刻本均未见流传。天一阁本进呈朝廷，其中缺三十一卷，由《永乐大典》本补全，即后来的四库本。清初述古堂抄本，即钱曾（遵王）得自钱谦益的明抄本，是由绍兴本影抄下来的。其后，张金吾购到述古堂的影写本。道光年间，张蓉镜又影抄张金吾本。丁丙八千卷楼藏本据说即张蓉镜的抄本，但未最后确证。据谢国桢考证，清代民间流传的这些抄本都是由绍兴本影抄下来的，大都影自钱氏、张氏的抄本。1907 年，江南图书馆成立，收购丁氏嘉惠堂（即八千卷楼）藏书为馆藏基础。1919 年，朱启钤在江南图书馆发现的《法式》，即丁丙的抄本，在朱的努力下，不久由商务印书馆影印出版，是为"丁本"。

　　1921 年，朱启钤因公赴欧，"见其一艺一术，皆备图案，而新旧营建，悉有专书，益矍然于明仲此作为营国筑室不易之成规。还国以来，搜集公私传本重校付梓"。① "桂辛氏以前影印丁本未臻完善，属湘搜集诸家传本，详校付梓。"② 于是，在朱启钤领导下，由陶湘与傅增湘、罗振玉、郭世五、阚铎、吴昌绶、吕寿生、章钰、陶珙、陶洙、陶毅等人，以四库文渊阁、文津阁、文溯阁三阁藏本及蒋氏密韵楼本和"丁本"互相勘校。"缺者补之，误者正之，讹字纵不能无，脱简庶几可免。间有文义难通，明知讹误，而各本相同，不敢臆改，则仍之而存疑焉。"③ 《法式》的第三十、三十一卷大木作制度图样，因各版本互相传写无可校勘，于是请"京都承办宫工之老匠师贺新庚等，就现今图样按法式第三十、三十一两卷大木作制度名目详绘增附"。又"第三十三、三十四两卷彩画作制度图样原书仅注色名深浅……今按注填色五彩套印……郭世五氏夙娴艺术于颜料纸质，覃精极思，尤有心得。董督斯役，殆尽能事"④。所以，大木作、彩画作都是重为绘图。在陶湘等人校勘过程中，又从内阁大库散出的废纸堆中，

---

① 朱启钤重刊营造法式后序。
② 《李明仲营造法式》陶湘识语。
③ 同上。
④ 同上。

发现了宋本残叶（第八卷首叶之前半）。因此，书的行款字体均仿宋刊本，并在书后加以附录，集录诸家记载及题跋。陶湘还在《法式》"识语"中对《法式》的版本流传做了详细的考订，于1925年镂版刊行。是为"陶本"。陶湘刻书素以装帧考究、校订精良且纸、墨、行款、装订务求尽善尽美而闻名。因此"陶本"之刊行，曾引起国内外学术界的极大注意。

1926年，陶湘受聘于故宫图书馆，主持故宫殿本图书编订工作；并于1932年在故宫殿本书库发现了抄本《营造法式》，版面格式与宋本残叶相同，卷后有平江府重刊的字样，与绍兴本的许多抄本相同。此外，还有钱遵王之印[①]。估计这个抄本若非述古堂原本，亦是直接影抄自述古堂，抄工亦较其他本工整。这是一项重要的发现。故宫殿本发现之后，由中国营造学社刘敦桢、梁思成、谢国桢、单士元等人，以"陶本"为基础，与《永乐大典》本、丁本、四库文津阁本、《续谈助》，与故宫殿本相校，又有所校正。

其中最主要的一项就是各本（包括"陶本"）在第四卷"大木作制度"中云："造拱之制有五。"但各本中仅有其四，就全遗漏了"五曰慢拱"一条四十六个字。唯有"故宫本"这一条独存。"陶本"和其他各本的一个最大的缺憾得以补偿。《营造法式》的校勘，在朱启钤领导下，陶湘等先生已经做了大量的工作；在"故宫"本发现后，学社的研究人员又再一次进行了细致的校勘。后来，中国营造学社梁思成、刘敦桢等诸先生的研究工作，都是以那一次校勘的成果为依据的。

---

① 即述古堂主人钱曾。

元祐七年将作监编修（1092）

绍圣四年李诫奉旨重别编修（1097）

（崇宁二年刊行 1103）

绍兴十五年重刊（1145）

宋　　　　　　　明

1922　　1106　　南宋
在内阁大库发现宋版残页　　晁载之抄人《续谈助》　　庄季裕著录《鸡肋编》

抄本《永乐大典》　　天一阁抄本　　陶宗仪《说郛》　　唐顺之《稗编》　　绛云楼钱谦益抄本　　梁溪故家楼本

清四库全书
— 文溯本
— 文渊本
— 文津本

述古堂钱曾本

张金吾影述古堂本

张蓉镜影张金吾本

丁丙八千卷楼本（传即张蓉镜本）

1920 年刊行"丁本"《营造法式》

清

密韵楼蒋氏抄本　　1932 年发现故宫殿本书库抄本 疑为述古堂钱曾原本　　皕宋楼陆氏抄本　　带经堂陈氏抄本　　铁琴铜剑楼瞿氏抄本　　杨墨林刻本　　山西杨氏笵镓丛书刻本

1925 年"陶本"《营造法式》刊行

1932 年刘、梁、谢、单 最后一次校订

《营造法式》版本流传校订图示

第 五 辑

開拓中國建築史研究的道路

沙里淘金的文献工作

　　学社的研究工作，主要从文献和实物调查两方面进行，早期侧重于文献。对相关文献的收集工作，朱启钤已进行了很长的时间。学社成立之初，阚铎任文献主任，但阚铎在九一八事变后离开了学社。之后朱启钤曾短期兼任文献主任。1932年，刘敦桢到学社，就由刘任文献主任。最初，文献组只有阚铎、瞿兑之、刘南策三人。1931年，单士元加入。1932年，刘敦桢、梁启雄、谢国桢的到来，大大充实了文献组的阵营，后来又陆续来了陈仲篪和刘汝霖。1929年至1936年间，文献组所做的主要工作有：编纂《营造词汇》，再次校订《营造法式》，收集整理营造算例，等等。

编纂《营造词汇》

　　朱在学社成立大会的讲演词中说："首先奉献于学术界者，是曰'营造辞汇'。是书之作，即以关于营造之名词，或源流甚远，或训释甚艰。不有词典以御其繁，则征书固难，考工亦不易。故拟广据群籍，兼访工师，定其音训，考其源流，图画以彰形式，翻译以便援用。"朱的原意是，将古籍中的营造名词加以考定注释，以便利读者。为什么要首先进行这项工作呢？因为朱本人与工程、工匠接触较多，且对建筑很有兴趣，自刊行《营造法式》后又"悉心校读"，已积累了很多知识，在工程词汇方面近于博古通今，他愿意把自己的知识整理出来贡献给广大读者。

朱选择了古汉语基础较深的阚铎协助他编写。阚铎为此事专程出访日本，与日方建筑术语委员会进行交流，并带回不少参考资料。由于需要对一些不易用文字解释清楚的词汇辅以图解，编辑人员中还有刘南策、宋麟徽两位工程师和日本建筑师荒木清三。荒木清三对中国古建筑很有兴趣，他在中国多年，收集了一些内廷流散出来的工部则例抄本。他自然是极愿意参加这项工作，可以从中获取不少他需要的知识，进一步研究这些抄本。同时，朱也需要他协助翻译日语词汇。

当时，我国尚无此类专门的词典，面临营造名词的选定、如何注释、如何绘图、如何分类等问题一大堆。虽然欧美国家有这方面的专门辞典，但因文字不同，所以须先借鉴日本有关的词典，将石桥①的《工业字解》及中村②编的《日本建筑词汇》，其他还有《工业大辞书》《英和建筑语汇》四本词典互相比较，研究其编辑方法。

最后，决定以我国《辞源》为母本，从中择取与营造有关的词加以注释。在古籍中还有一些建筑技术方面的专书，其中不少词汇是《辞源》中未见的。于是，又选定清《工程做法》逐条审读，将难解的字词择出编入《词汇》。

《营造词汇》是一种专门辞典，其专业性、科学性方面的要求很高，编撰它的工作量及难度均与朱启钤当初的估计相去甚远，不是三两个人能很快完成的。不久，阚铎离开学社去伪满政府任职，这项工作也就不了了之。如果当初朱启钤能采取另一种方式，把他在这方面的丰富知识很快地整理出来，对古建筑研究将是一项不小的贡献。现在只有留给人们无限的遗憾了。

再次校订《营造法式》

1932 年，陶湘在故宫殿本书库又发现了《营造法式》的抄本。于是，学社

---

① 指石桥绚彦（1853—1932），日本土木工程师，曾留学英国。

② 指中村达太郎（1860—1942），日本建筑学家。

同人对《法式》进行再一次的校订。有关校订工作详见本书前一部分。

收集整理营造算例

清代有关建筑工程方面的书籍除了官订的《工部工程做法则例》外，还有许许多多流传民间的则例抄本。这些抄本的来源有很多渠道，大体上有以下方面：

一、自己总结出来的做法，也是各作师徒薪火相传的课本，其中，除正文外还有口诀或简算法等不一。

二、从样房、算房流传出来的做法秘本。

三、工部书吏从档房中私下抄录、夹带出来的"内工则例"。其内容有大木作、小木作、石作、瓦作、搭材作、土作、油作、画作、裱作、内里装修作、漆作、佛作、陈设作，木料价格、杂项价目、材料重量、人工估算等。

这些民间的"则例"可谓不成文法，略似近代的"工程定额""估算表""材料作法表"等。而从工部抄录的《内工则例》，有些是《工部则例》的补充，有的干脆就是某些具体工程的"工程档案"。如"圆明园大木作制造之定例"，可说是一种单行则例，随时、随事、随地而编定。民国以后，这些抄本逐渐流散，更有不少流失到了国外。当时，这些抄本的价值尚未被人认识，经营古籍者亦未把它们列入业务范围之内。这些只是偶尔能在出售破旧物品的地摊或旧书摊上见到，或私人间收藏辗转借阅。朱启钤经过长期的收集，积累了几十本，除去内容重复者，有十数种。由于这些《则例》中估算的比例分量较重，朱启钤遂将这些抄本小册统一定名为"营造算例"。梁思成初到学社，就是从学习、整理这些算例和学习清《工部工程做法则例》入手，由此开始了对清式建筑的研究。

《营造算例》经梁整理后，于1931年在《中国营造学社汇刊》二卷一至三期陆续发表，内容有：朱启钤的《〈营造算例〉印行缘起》、梁思成整理的《庑殿歇山斗科大木大式做法》《大木小式做法》《大木杂式做法》《土作做法》《发券做法》《瓦作做法》《大式瓦作做法》《石作做法》《石作分法》《桥座分法》《琉璃瓦料做法》。

朱启钤在《〈营造算例〉印行缘起》一文中，对这些抄本的价值及形成，有一段颇有见地的论述：

此种手钞小册，乃真有工程做法之价值。彼工部与官书，注重则例，于做法二字，似有名不副实之嫌。意当日此种做法，原于事例成案，相辅而行。迨编定"则例"时，秉笔司员，病术语之艰深、比例之繁复，若以长吏所不习知之文字，贸然进御，倘遭诏问，瞠然不知所对，不如仅就浅显易解者，编成则例，奏准颁行。而真正做法，遂被删汰矣。试观《大清会典》所收工程做法部分，即系将原书数目字一概改为若干，而卷帙大减，止数十叶。固是著书有体、繁简异宜，而无形之中，士大夫之工程知识，日就湮塞。一切实权，渐沦于算房、样房之手，部曹旅进旅退、漫不经心者，固不足道，即使良有司志在钩考，而官书如此，书吏又隐相欺谩，求如明贺仲轼之手抄部案成两宫鼎建记，亦不可得。盖学者但知形下与形上分途，一切钱物，鄙为不屑。迁流所极，乃至营建结构之原则、算经致用之法程，竟亦熟视无睹，委诸贱隶，殊可慨也。自此种钞本小册之发见，始憬然工部官书标题中之"做法"二字，近于衍文。彼李明仲《营造法式》，亦合诸种原稿而成，故于看详总释制度功限，各自为类，而以法式命名。清代《工部工程做法则例》，当日如有此类算例在内，价值更当增重也。譬诸法家者流，以律为经，以例为纬，此种小册，纯系算法，间标定义，颠扑不破。乃是料估专门匠家之根本大法，迥非当年颁布今日通行之《工部工程做法则例》《内庭工程做法则例》等书，仅供事后销算钱粮之用，所可同年而语。至于因地因时，记载成案，以备援用之各种单行章程，如所谓内工现行则例，或某地某事现行则例等者，尤其末焉者矣。彼此相衡，较量轻重，主体客观，不容倒置，抱残守缺，表襮为先，世有同志，愿共商榷，兹为定一总名，曰《营造算例》。刊行之初，不加笔削，以存其真，归纳演绎，尚有所俟。最后之目的，如制为图解，演作公式，期于印证官书，树为圭臬，进一步之整理，愿以异日，敢告读者，请发其凡。

初次刊行，但以印刷代钞写，志在保存本来面目，除别字减笔，加以更正外，余悉暂仍其旧。其有眉批小注，一律以细字附于各条之下。

1932 年，梁思成又重新校读一次，将它分出章节，把颠倒的次序重新排列，字句稍有增减并加标点，使读者于纲领条目易于辨别，以单行本出版。后来，学社又收集到一些《算例》。其中最重要的有《牌楼算例》，经刘敦桢整理后在《汇刊》四卷一期上发表。1934 年，梁思成《清式营造则例》出版，于是将《营造算例》加以再版，内容补入《牌楼算例》，作为《营造则例》的辅刊，与《则例》成为姊妹篇再版。至此，各式《算例》已基本收齐。

从朱启钤开始收集《算例》，到梁、刘二人的整理，直至将其发表，前后约十年。他们的努力，为我国建筑文库保存了一批珍贵的建筑史料。

收集、整理、出版重要古籍

一、《园冶》

明末计成所著《园冶》一书，全面论述了宅园、别墅营建的原理和具体手法，反映了我国古代造园的成就，总结了造园经验，是研究中国古代园林的重要著作。但是，此书未见著录，朱启钤在《一家言居室器玩部》中读到有关《园冶》的介绍，于是四出搜求。时正值阚铎为编《营造词汇》出访日本，竟在日本觅得《园冶》抄本；又得知日本内阁文库藏有明刊印本，因此多方设法征得以上版本；继而又在北平图书馆发现了明刊原本，但缺第三卷，于是将以上诸本详加校刊整理发表。他们的工作使后来一些学者在研究中国古代园林时，得到一部重要的参考资料。

二、《梓人遗制》

《汇刊》一卷一期至后来的数期，均刊登征求营造佚存图籍的启事，其中有《营造正式》《梓人遗制》《元内府宫殿制作》《造砖图说》《西槎汇草》《南船纪》《水部备考》等。

《梓人遗制》明代已收入《永乐大典》。但《永乐大典》正本毁于明亡之际，副本至清咸丰时也渐散失，英法联军侵入北京后又遭焚所剩无几，后又被劫走。朱仍寄希望于民间尚存抄本。后经北平图书馆馆长袁守和的帮助，在英伦敦博物院取得《大典》原本照片，可惜只有一卷（原书八卷）。经朱启钤、刘敦桢校注后，在《汇刊》三卷四期发表，继而又出版单行本。

三、《工段营造录》

《工段营造录》为《扬州画舫录》的第十七卷，其内容主要是摘抄《工部工程做法》，及内廷圆明园内工诸作现行则例诸书。因《画舫录》内容庞杂，阚铎将第十七卷《工段营造录》加以校订整理，又将其他章节中有关营造的内容摘出作为附录，列于书后，统称《工段营造录》在《汇刊》二卷三期上发表，后又出单行本。

其他还校订编辑出版了《一家言居室器玩部》《燕几蝶几匡几图考》《姚氏营造法源》《清内廷工程档案》等。

此外，还收集了《万年桥志》、《京师坊巷志稿》、《燕京故城考》、《惠陵工程备要》六卷、《正阳门箭楼工程表》、《如梦录》、《长安客话》八卷等，均详加校阅。

编辑《哲匠录》

文献组做的另一件很有意义的工作即编辑《哲匠录》。朱启钤在学社第一次工作报告中说："中国史家，于工师行宜，向不注意。奇伟如李明仲，宋史尚不为立传。因此取群籍之涉及艺术而有姓名可纪者，分类录出，注重记实，力求严格。……本录现分营造、叠山、锻冶、陶瓷、髹饰、雕塑、仪象、考具、机巧、攻玉石、攻木、刻竹、细书画、异画、女红，凡千有余人，此外尚在征集中。"由此可知，在学社成立前，朱已开始了这项工作。

学社成立后由梁启雄继续集录，陆续发表于《汇刊》三卷前三期、四卷前三期。五卷二期的《哲匠录》由刘儒林撰。六卷二、三期的《哲匠录》由朱启钤和刘敦桢合写。他们的工作为后学者留下了宝贵的资料。

除以上工作外，文献组还做了不少研究性的文献工作。如单士元的《明代营造史料》，发表在《汇刊》四卷一、二、三、四期和五卷一、二、三期。刘敦桢的《同治重修圆明园史料》发表在《汇刊》四卷二、三期，对该文材料的收集，单士元做了不少工作。

保护、收集珍贵建筑文物

明清两代宫苑陵寝，各项官工虽由工部掌管，但绘图烫样及估算，向由样房、算房承办。样房自明以来即由雷氏家族世代相传，别无他姓。算房从清档案中，见到的有王氏、陈氏、高氏、刘氏等多人。工部官员并非世官，又缺少技术知识，因此在技术上完全依靠样房、算房。在习惯上，每有大工程，先由样房根据工程做法则例绘图烫样，定案以后再由算房估算工料。而工程图及烫样即由样房保存。

雷家保存的图样种类很多，有白样、糙样、细样、寸样、二分样、一分样，有进呈的，有留底的，有重改样等。这项专门技术由样房雷家世代相传，对外严格保密。即使建成完工以后的烫样图纸，也借口慎重官物，从不示人。每项工程所得的酬金（即现在的设计费），照例以百分之几酬报工部官员。所以，样房雷及算房刘在当时北京社会上有左右官商的势力。民国以后，朱启钤即设法访求雷家的这批图样。当时，雷氏认为将来尚有居奇的可能，因此将这批图样搬运藏匿，以致无踪迹可寻。1930 年以后，雷家逐渐败落下来，穷困日甚，四处求售图样。

雷氏家族自明清以来有五百年的历史，所保存的图样是我国建筑文化遗产的一部分，对研究我国营造学有重要的价值。如果听任雷家零星出售，失散各地，将会大大失去其本身的价值。因此，学社特别向中美庚款基金会申请一笔钱，将这批图样购买下来，由北平图书馆保存。据 1932 年学社的大事记报告：模型类除少量被外人所获外，其余全在北平图书馆；故宫文献馆亦保存一批，乃是当年进呈未发还的。图纸类北平图书馆保存近四分之三，有四分之一被中法大学购去。此外有少量散失市面，经学社多年努力回收了一部分，东方图书馆也购得一小部分。朱启钤曾呼吁有关主管单位能出面集中这批资料，使其系统完整,有利今后的研究,但未实现。刘敦桢先生研究圆明园史料也有赖于这批图样,并得到北平图书馆、中法大学的支持和合作。

法式部的工作

为清《工部工程做法》补图及完成《清式营造则例》

自从梁思成来到学社后,学社的研究工作逐渐从文献工作转向实物调查。

梁思成认为:研究古建筑,应从近代开始追溯上去。因此,他开始研究清《工部工程做法》及朱启钤收集到的各种算例抄本,并对照故宫实例学习。朱启钤因《工部工程做法》一书原有的附图太少,不能说明问题,且图纸既简陋又不准确,特聘请大木、琉璃、彩画等匠师为"做法"补图,总计画了四百多幅。但这些匠师从未受过科学制图的训练,且对原文不理解或误解,因而所绘的图多不适用。于是,法式组决定重新绘制,按书中说明的各式建筑物绘制平、立、剖面图,务求对各建筑物之做法一一解释准确精详。这项工作由梁思成负责,邵力工协助。当时,因九一八事变,从沈阳流亡到北平的东北大学建筑系学生很多,梁思成设法给他们在学社找些绘图及测绘的工作,暂时维持生计。因此,部分学生也参加了这项工作。东大的学生绘图质量也不理想,绘图工作暂停,由邵力工带领他们去测绘故宫。《工部工程做法》图纸遂由邵力工绘制,后因抗日战争爆发而停顿,最后没有完成。

东大的这批学生不久也就或转学他校,或另谋出路,其中有林宣、梁思敬、叶辕、王先泽、赵法参等人。只有赵法参留在学社,直至 1937 年七七事变爆发。

梁思成经过对清《工部工程做法》及各种民间抄本的深入研究,于 1932 年完成了《清式营造则例》一书。《清式营造则例》是第一本阐述中国古建筑做法的现代读物。该书并非《工程做法》的释本,而是以《工部工程做法则例》及《营造算例》为蓝本，从中"提滤"出来的，旨在从建筑的角度对清代"官式"建筑的做法、清式营造原则做一个初步的介绍。莫宗江回忆梁思成的工作时说："梁先生的工作特点是计划性极强。一个题目来了，他能很快地订出计划，而且完全按计划执行。《清式营造则例》就是他一边学《工部工程做法则例》，一边向老工匠学，学的过程就把图画出来，只二十几天就画了一大摞，我每天都去看他的作业，一大摞太吃惊了。他一辈子都是如此严格按计划执行，工作效率非常高。"

1932年3月，《清式营造则例》脱稿后，梁思成认为清式的研究可暂告一段落，对古建筑更深入的研究不能停留在古籍中，必须对实物进行测绘调查。梁思成的这个计划得到社长朱启钤的全力支持。朱也认为："须为中国营造史，辟一较可循寻之途径，使漫无归宿之零星材料得一整比之方，否则终无下手处也。""研求营造学，非通全部文化史不可，而欲通文化史，非研求实质之营造不可。"他还说："物质演进，兹事体大，非依科学的眼光，做有系统之研究。"可以说，要研究中国建筑史，必须采取科学的方法，对实物进行调查，这点在朱的思想中是明确的，只是苦于没有专门人才。梁思成、刘敦桢的到来，使朱的这一愿望得以实现。这也是朱能与梁、刘密切合作的思想基础。

蓟县、宝坻县的调查以及独乐寺的发现（1932年）

1932年春，梁思成首次赴蓟县调查独乐寺。当时，莫宗江、陈明达初到学社，学社还没有一个像样的测绘队伍。梁只好请他在南开大学学习的弟弟梁思达同行。六十年后，梁思达仍满怀激情地回忆这次调查，他写道：

蓟县独乐寺观音阁远眺

　　二哥去蓟县测绘独乐寺时，我参加了。记得是在1932年南大放春假期间，二哥问我愿不愿一起去蓟县走一趟，我非常高兴地随他一起去了……

　　从北京出发的那天，天还没亮，大家都来到东直门外长途汽车站，挤上了已塞得很满的车厢，车顶上捆扎着不少行李物件。那时的道路大都是铺垫着碎石子的土公路，缺少像样的桥梁。当穿过遍布鹅卵石和细沙的旱河时，行车艰难，乘客还得下车步行一段，遇到泥泞的地方，还得大家下来推车。到达蓟县，已是黄昏时节了。就这样一批"土地爷"下车了，还得先互相抽打一顿，拍去身上浮土，才能进屋。这家地处独乐寺对门的小店，就成了我们的"驻地"。

　　我这"外行"，只参加了一小部分工作。主要和一位姓邵的先生（即邵力工），一起丈量独乐寺的山门。我爬上山门当中的门头去量尺寸，邵先生

蓟县独乐寺观音阁观音像仰视及头部特写

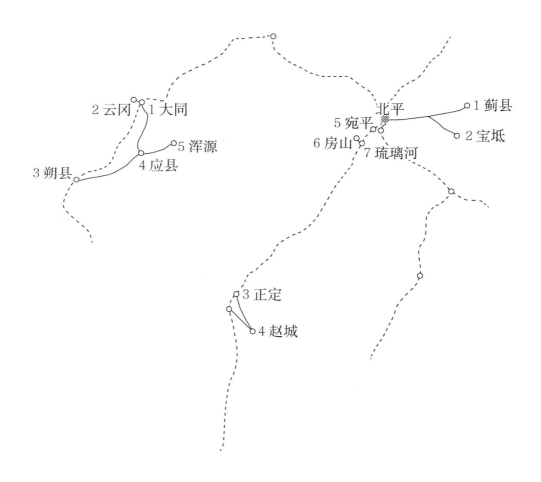

2 云冈　1 大同
5 浑源
3 朔县　4 应县

北平
5 宛平　　　　1 蓟县
6 房山　　　2 宝坻
7 琉璃河

3 正定
4 赵城

1932—1933年梁思成等赴河北、山西调查路线图

在下面把我报的数字记录下来，每个斗拱的尺寸，都必须量准记清。学社的人当然任务更重更忙。那次我度过了一个繁忙、紧张又愉快的"春假"。二哥和学社的工作人员的严肃认真、一丝不苟、注重科学的工作精神与作风，给我留下极其深刻的印象。[1]

梁思成在独乐寺观音阁前

独乐寺的发现使梁思成和学社同人大受鼓舞。因为这是当时所知道实物中最古的一座木建筑，它的发现有很大的价值。

现存的独乐寺建于辽圣宗统和二年（984），上距唐亡仅七十七年，而下距《营造法式》之刊行有一百一十六年。其年代及形制皆适处唐、宋二式之中，上承唐代遗风，下启宋式营造，是研究我国建筑发展的极宝贵的资料。

独乐寺山门及观音阁从外观上极像敦煌壁画中所见的唐代建筑。它的木质构架可分三大部分——柱、斗拱及梁枋。

清式做法柱与柱径有一定的比例。观音阁及山门的柱高不随径变，柱头削成圆形，柱身微侧向内。这是明清所未见的。

斗拱的变化尤大。观音阁斗拱雄大坚实，是结构的有机组成部分，拱高约为柱高1/2以上，占全高的1/3。斗拱的形制，则按其功能上的需要如承檐、

---

① 转录于1992年梁思达致林洙信。

承平坐，或承梁枋，或在柱头，或在转角，或补间，内外上下各个不同，又条理井然。清式斗拱渐失其原来功用，弱小纤巧，每每数十攒排列檐下，几乎变成纯粹的装饰。

　　在用材方面，按近代科学的计算方法，梁的断面高宽比例约2:1。清式梁枋用材，断面的比例为10:8或12:10。观音阁及山门则为2:1，与近代方法相符。其最大的特点在于用料的标准化。观音阁梁枋不下千百，而大小仅六种。清式建筑皆以"斗口"为单位，凡梁柱的高宽、面阔进深修广皆受斗口的牵制。规定至为繁杂，计算则更繁杂。这些"规矩"使建筑各部分的布置分配都受拘束，使设计者不可能发挥创造能力。

　　从山门的脊饰更可以看到有趣的变化。唐代脊饰为鳍形尾，宋以后则为吻，二者变化程序尚不可知。在独乐寺山门的脊饰中则表现了变化的过程，它的上段为鳍形的尾，下段已成今日所见的吻。

　　总之，独乐寺山门及观音阁的调查，为中国建筑史及《营造法式》的研究，提供了丰富的实物资料，同时也证明了梁思成的研究道路及研究方法的正确。《蓟县独乐寺观音阁山门考》[①]的发表，在国内外学术界均引起很大的反响。

　　梁思成在调查独乐寺时，与当地师范学校的一位教员谈到中国各时代建筑的特征和独乐寺与后代建筑不同之点时，这位教员告诉梁思成，他家乡河北宝坻县有一个西大寺，结构和梁所说独乐寺诸点略同。

　　梁回到北京后，设法得到了西大寺的照片，预先鉴定了一下，认为是明清以前的建筑。于是，6月份他又出发到宝坻县去。与他同行的有东北大学学生王先泽和一名工人。因为6月份北方的雨季已经开始，所以交通情况比去蓟县更要糟糕，梁思成在《宝坻县广济寺三大士殿》[②]一文中对"行程"有过一段十分精彩的描述。

　　宝坻西大寺[③]的天王门和东西配殿等已是明清后的建筑，正中的三大士殿

---

①　现已收入《梁思成文集·一》，建筑工业出版社。

②　同上。

③　即广济寺。

倒是一个单檐、四顶、东西五间、南北四间的大建筑。斗拱雄大，出檐深远，屋顶举折缓和，脊端有硕大的正吻，全部形制与蓟县独乐寺山门略同而更大些。殿内碑记，说明大殿建于辽圣宗太平五年（1025）。大殿前有许多稻草，殿内有许多工人正在斩草，尘土飞扬。原来城内驻有骑兵团，三大士殿便成了骑兵团的马料厂。三大士像和侍立菩萨十八罗汉等全被尘雾迷蒙在堆积的稻草里。大殿初看甚觉一般，梁思成颇感失望，但抬头一看，殿上并没有天花板，于是他恍然大悟，这就是《营造法式》中所说的"彻上露明造"的做法。这梁枋结构的精巧，在后世建筑物里还没有看见过。梁在报告中写道："当初的失望，到此立刻消失。这先抑后扬的高兴，趣味尤富。在发现蓟县独乐寺几个月后，又得见一个辽构，实是一个奢侈的幸福。"

三大士殿的最大特点可以说是它的结构部分。"在三大士殿全部结构中，无论殿内殿外的斗拱和梁架，我们可以大胆地说，没有一块木头不含有结构的机能和意义的。在殿内抬头看上面的梁架，就像看一张 X 光线照片，内部的骨干，一目了然，这是三大士殿最善最美处。"

在后世普通建筑中，尤其是明清建筑，斗拱与梁架的关系颇为粗疏，结构尤异；但在这一座辽代遗物中，尤其是内部，斗拱与梁枋构架完全织成一体不能分离。

结束了调查工作之后，返回北平的旅程却几经周折。今将梁的原文照录于下：

工作完了，想回北平，但因北平方面大雨，长途汽车没有开出，只得等了一天。第二天因车仍不来，想绕道天津走，那天又值开往天津的汽车全部让县政府包去。因为我们已没有再留住宝坻一天的忍耐，我们决定由宝坻坐骡车到河西坞，北平、天津间汽车必停之点，然后换汽车回去。

十七日清晨三点，我们在黑暗中由宝坻南门，向河西坞出发。一只老骡，拉着笨重的轿车，和车里充满了希望的我们，向"光明"的路上走。出城不久，天渐放明，到香河县时太阳已经很高了。十点到河西坞，听说北上车已经过去。于是等南下车，满拟到天津或杨村换北宁车北返，但是来了两辆，都已挤得人满为患，我们当天到北平的计划，好像是已被老骡破坏无遗了。

当时我们只有两个办法：一个是

广济寺三大士殿外景（梁思成摄）

在河西坞过夜，等候第二天的汽车；一个是到最近的北宁路站等火车，打听到最近的车站是落垡，相距四十八里。我们下了决心，换一辆轿车，加一匹驴向落垡前进。

下午一点半，到武清县城，沿城外墙根过去。一阵大风，一片乌云，过了武清不远，我们便走进蒙蒙的小雨里。越走雨越大，终了是倾盆而下。在一片大平原里，隔几里才见一个村落，我们即使赶车，走过也不能暂避。三时半，居然赶到落垡车站。那时骑驴的仆人已经湿透，雨却也停了。在车站上我们冷得发抖，等到四时二十分，时刻表定在三时四十分的慢车才到。上车之后，竟像已经回到家里一样的舒服。七点过，车到北平前门，那更是超过希望的幸运。

旅行的详记因时代情况之变迁，在现代科学性的实地调查报告中，是个必要部分，因此我将此简单的一段旅程经过，放在前边也算作序。

可惜，这座少有的表现中国古代建筑结构的杰作，却在建国初期被视为无用的破庙而拆除。当梁思成得知将拆除三大士殿时，曾向河北省有关当局反映，希望保留这座辽代的古建筑，但当局却认为辽代的古建筑亦不过是座破庙，不如拆了去修桥，还能为人民服务。于是，就这样将三大士殿拆毁了。

经过这两次古建筑的调研，学社的野外考察工作逐步走上正轨。每年有计划地在春秋两季外出考察，冬季整理调查报告，查阅文献，并准备下一步考察调研的地点。

为了适应工作发展的需要，学社在组织上也做了相应的调整：一、将社址迁入中央公园东朝房，以适应人员的增加。二、根据政府文化团体组织法的规定，向教育部及国民党北平市党部申请立案 ①，使学社成为政府承认的一个学术团体，取得合法的地位才能更顺利地开展工作。三、成立干事会以批准每年度的工作计划及工作报告。其实，这无非是走个形式而已，决策权仍在朱、梁、刘。四、添置测绘设备，如测量仪器、照相器材等。学社原来根本没有这些设备，去蓟县、宝坻时所用的测量仪器还是向清华大学工程系借用的。当时梁思成的同班同学施嘉扬先生正在该系任教，恰好给予方便。

1931 年底及 1932 年，莫宗江、陈明达等相继来到学社，经过短期的学习，逐步形成一支效率很高的测绘队伍，主力是莫宗江和陈明达。莫宗江回忆，初到学社深感自己学识的低浅，在国学方面根本不能与梁启雄、谢国桢等人相比。而梁思成、刘敦桢二先生不但汉语基础深，而且在国外学习多年。自己只有好好向这些前辈学习。可喜的是学社同人，上自朱桂老，下到一些刚出校门的大学生没有一个人歧视他们，全都伸出友谊热情的手。学社每天工作六小时，上班时不许说话聊天（也没有人说话），不许办私事，到休息时梁思成带头到院子里去活动，整个班子工作效率极高。

梁、刘对青年人十分爱护，治学严谨，要求他们工作上丝毫不能马虎，错了就得重画。梁思成对建筑制图独具匠心，除了要准确地表现建筑的结构、构造外，还对线条的粗细、均匀、线条的交点等一丝不苟。他作出的图纸不仅在

---

① 均获批准。

学术问题上能表达清楚，具有相当的科学性，同时在画面的构图上也精心安排，从艺术角度来看，也是一幅耐人寻味的建筑画。

　　莫宗江晚年回忆学社工作时说："常有人问我，梁思成是怎样培养我的。回想起来，梁先生是不爱讲大道理的，一切都是自己示范。我画图时他常常来看，看着看着就说：'宗江你起来。'于是他就坐下来画给我看，而我也就是这样每天到梁的绘图桌前去读图，看他每天完成了哪些图，怎样完成。梁先生画完《清式营造则例》的插图，我也对清式做法开始入门。在周末梁常带我到他家去，于是他就和林先生把他们收集的最好的速写、素描、渲染，都是些精品，拿来给我看。这些就是我的教材，我喜欢哪张，就让我带走拿回去细看。梁还把弗莱彻著的建筑史给我看并告诉我说，这本书的插图全部由他的一位助手画的，他希望我好好学习，日后能为他写的建筑史画一套插图。他还说，我们的绘图水平一定要达到国际最高标准。林徽因是善谈的，她往往结合一张画谈到中西建筑的特点、东西文化的比较，从建筑到美学、哲学、文学，无所不谈。"

　　在梁、林的指导下，莫宗江很快地成长起来。营造学社的测绘图纸，形成了自己的独特风格，特别是莫宗江的图，在科学中融入艺术，形成了个性。这虽然和梁林二人对他的培养分不开，但更主要的是莫自己的努力。莫到学社的第一年年底，学社为了奖励他的进步，给他发了双工资四十元。他将这四十元买了一套《世界美术全集》、一把小提琴、一盒德国名牌绘图仪器。莫宗江说："梁先生对我不仅是严师，也是兄长。"除了梁思成外，学社的其他成员也很注意对青年人的培养，如刘致平就经常教赵法参绘图，还常常把莫宗江和陈明达找到他那里去，给他们看他收集的资料，并指导他们怎样收集资料，怎样分析整理资料。

对正定的第一次调查（1933 年）

　　河北正定县，宋辽时期的古建筑很多，梁思成于 1933 年 4 月、11 月曾两

1933年考察正定时林徽因在开元寺钟楼上

次赴正定调查。第一次与莫宗江及一个工人同去，原计划工作两周，但因滦东形势突然吃紧，因此将计划缩短至一周，匆匆返回北平。到了11月份，他又与莫宗江、林徽因重返正定，进一步详细调查。4月份的调查，在出发前他们只知道正定有隆兴寺、"四塔"、阳和楼几处古建筑。在初步调查中竟发现了多处宋辽时的古建筑，除原已知道的几处外，还有开元寺钟楼、关帝庙、府文庙、县文庙等十余处。

隆兴寺的摩尼殿、转轮藏殿均十分古老。摩尼殿最大最完整，它的外观为重檐歇山顶，四面加抱厦，这种布局过去除了故宫角楼外，只在宋画上见到，上下两檐下的斗拱均十分雄大，柱头有卷杀，四角的柱子比居中的要高，是《营造法式》所谓"角柱升起"的实证。梁思成在文献中没有查到摩尼殿建造的年代，但从建筑的形制看，他判断此殿最晚也是北宋时建造的。果然，1978年摩尼殿大修时，在殿的阑额及斗拱构件上多处发现墨书题记，证明它建于北宋皇祐四年（1052）。可见梁当年的判断是十分准确的。

转轮藏殿的中心是一个能转动的转轮藏[1]，为了设置这个径约七米的转轮藏，在殿的结构上采取了灵活的处理手法，表现出古代匠师的智慧与纯熟的技巧，可称木构建筑中一个极精巧的杰作。转轮藏虽是一个藏经架，但它设计成一个下檐八角形、上檐圆形的亭子。亭身设经屉，用以存放佛经。这个转轮藏的檐、柱、

---

① 即藏经架。

斗拱恰似缩小了的建筑模型，而梁、柱、斗拱的多处做法，与《营造法式》符合。日本古建筑学家关野贞认为转轮藏殿是清代建筑，梁思成则认为可能始建于宋。1954 年重修时，在转轮藏大悬柱上发现元至正二十五年（1365 年）的游人题记，证明殿的建造应早于此。转轮藏对面的慈氏阁，梁思成经过调查认为它略晚于转轮藏殿。

横跨正定南北大街上的阳和楼，略似北平故宫的端门。阳和楼的结构最为精巧：梁柱的结合、两山的构成交代得清清楚楚；角柱的升起、阑额上的月梁形、微微翘起的屋脊两端等等，都保留着宋式的做法。仔细研究阳和楼各部斗拱的做法，并将它与宋式及明初建筑做比较，阳和楼的构造做法说明了宋到明的发展过程。阳和楼建于元初，它可以说是晚宋到明初两种式样的过渡，这正是阳和楼在建筑史上的重要性。可惜，阳和楼在 1949 年前已被拆除了。

其他如关帝庙等多为元代所建。广惠寺的华塔由形制上看，外形与平面都十分奇特，可为海内的孤例。开元寺钟楼和县文庙都是意外收获。钟楼外貌已非原形，下檐似金元式样，上檐则清代所修，但内部四柱及柱上雄伟的斗拱、短而大的月梁，均说明可能是唐代的遗构。在正定最后一天，他们一行又用半日去测绘了县文庙，发现县文庙很可能是唐末五代遗物，但没有确证。

关于正定的调查工作，梁思成在报告中写了一段有趣的遭遇，现照录于下：

　　第四天，棚匠已将转轮藏所需用的架子搭妥。以后

1933年考察正定时梁思成在隆兴寺转轮藏殿檐下

两天半——由早七时到晚八时——完全在转轮藏殿、慈氏阁、摩尼殿三建筑物上细测和摄影。其中虽有一天的大雷雨冰雹，晚上骤冷，用报纸辅助薄被不足，工作却还顺利。这几天之中，一面拼命赶着测量，在转轮藏平梁叉手之间，或摩尼殿替木襻间之下，手按着两三寸厚几十年的积尘，量着材料拱斗，一面心里惦记着滦东危局，揣想北平被残暴的邻军炸成焦土，结果是详细之中仍多遗漏，不禁感叹"东亚和平之保护者"的厚赐。

第六天的下午，在隆兴寺测量总平面，便匆匆将大佛寺做完。最后一天，重到阳和楼将梁架细量，以补前两次所遗漏。余半日，我忽想到还有县文庙不曾参看，不妨去碰碰运气。

县文庙前牌楼上高悬着正定女子乡村师范学校的匾额。我因记起前次在省立七中的久候，不敢再惹动号房，所以一直向里走，以防时间上不必需的耗失，预备如果建筑上没有可注意的，便立刻回头。走进大门，迎面的前殿便大令人失望；我差不多回头不再前进了，忽想"既来之则看完之"比较是好态度，于是信步绕越前殿东边进去。果然！好一座大成殿：雄壮古劲的五间，赫然现在眼前。正在雀跃高兴的时候，觉得后面有人在我背上一拍，不禁失惊回首：一位须发斑白的老者，严正地向着我问我来意，并且说这是女子学校。其意若曰："你们青年男子，不宜越礼擅入。"经过解释之后，他自通姓名，说是乃校校长，半信半疑地引导着我们"参观"。我又解释我们只要看大成殿，并不愿参观其他；因为时间短促，我们匆匆便开始测绘大成殿——现在的食堂——平面。校长起始耐性陪着，不久或许是感着枯燥，或许是看我们并无不轨行动，竟放心地回校长室去。可惜时间过短，断面及梁架均不暇细测。完了之后，校长又引导我们看了几座古碑，除一座元碑外，多是明物。我告诉他，这大成殿也许是正定全城最古的一座建筑，请他保护不要擅改，以存原形。他当初的怀疑至是仿佛完全消失，还殷勤地送别我们。

这次梁思成、莫宗江在正定发现的重要古建筑有：

地点	古建筑
隆兴寺	摩尼殿（宋，1052）、转轮藏殿（宋建，经后代修葺）、慈氏阁（宋建经后代修葺）、山门（清重修）、戒坛（清重修）
正定县	文庙（五代或宋物）
正定府	文庙（明末）
开元寺	钟楼（唐末或五代，上部及外檐经后代重修）、砖塔（明）
临济寺	青塔（金，1185）
广惠寺	华塔（号称唐建，金、元、清代屡次重修，确实年代不可考）
天宁寺	木塔（县志谓寺建于唐，现仅存此塔，年代未考）
其他	阳和楼、关帝庙（元初，现已拆毁）

第一次赴山西调查大同古建及云冈石窟（1933 年）

大同是南北朝时的佛教艺术中心之一，是辽金两代的陪都，古刹林立，闻名遐迩。学社早有计划前往考察。1933 年 9 月，梁思成、刘敦桢、林徽因、莫宗江，还有一名工人一起前往。没有想到的是，在这古代著名的西京，他们却找不到一个下榻之处，所有的旅店卫生条件都极差。幸亏大同车站的站长李景熙先生是梁思成在美国时的同学，承他与车务处的王沛然二人将他们接到家中并为他们腾出房

1933年梁思成、刘敦桢、林徽因、莫宗江等在前往云冈考察途中

梁思成与刘敦桢（下右）、莫宗江（下左）在大同云冈石窟考察

刘敦桢与林徽因（左）、莫宗江（右）在大同云冈石窟考察

舍，供他们住宿。但是，这众多人的饮食也是个问题。不得已找到大同市当局求援，经市府官员出面，向大同唯一的一家专为大同上层人士办理宴席的酒楼打招呼，请他们专为学社同人准备便饭，每天三餐，各一大碗汤面。

云冈石窟开凿于北魏盛期，为六朝佛教艺术稀有之杰作。中外学者对它的调查已不止一次，但对石刻中所表现的建筑却没有系统的介绍。梁、林、刘准备对石窟中表现的建筑做系统的研究。当时的云冈没有什么游人，空旷的山崖上，比连着一个又一个的石窟，坐着庄严的佛像。这里连一棵树都没有，也许正是这种特殊的环境，给人以对佛的至高无上的崇敬与虔诚。这里没有旅馆，地里的庄稼长得不到一尺高，一片贫瘠的土地。他们实在找不到落脚处。最后找到一户农家，答应把他的一间没有门窗只剩下屋顶和四壁的厢房借给他们。云冈的艺术使这些年轻人着了魔，他们在这无门无窗的屋子里住了三天，白天吃的是煮土豆和玉米面糊糊，连咸菜都是非常宝贵。云冈的气候中午炎热，夜间却冷得要盖棉被，他们几个人缩作一团。然而，云冈艺术的魅力使他们不愿离去。关于云冈"建筑"的研究，有两方面的内容：其一是洞窟本身的布置、构造及年代，与敦煌等处洞窟的比较；另一种是石刻上所表现的建筑物及建筑部分。有塔、柱、阑额、斗拱、屋顶、门、栏杆、踏步、藻井等，都一一加以研究。①

华严寺和善化寺保存了多座辽、金时代的建筑。华严寺的大雄宝殿重建于金天眷三年（1140），是今已发现的古代单檐木建筑中体形最大的一座。寺内还有海会殿与薄伽教藏殿，薄殿内部沿墙排列藏经的壁藏三十八间的仿重楼式样，忠实地反映了辽代建筑的风格，是辽代小木作的重要遗物，也是海内唯一孤例。善化寺的殿堂高大，院落布局疏朗、开阔，是辽金佛寺中规模最大的一处。

善化寺和华严寺二寺中，诸殿的建造年代以华严寺的薄伽教藏殿

云冈石窟第20窟主尊与中部第二洞窟浮雕五层塔

① 详见《云冈石窟中所表现的北魏建筑》，载1933年《中国营造学社汇刊》第四卷第三、四期合刊。

1933年梁思成等测绘山西应县木塔，莫宗江在木塔檐下

最早，为辽兴宗重熙七年（1038）。最晚的善化寺的三圣殿建于金太宗天会六年至熙宗皇统三年（1128—1143），相距一百零五年。各个建筑的平面、结构、造型各具特点，是研究辽、金建筑嬗变的重要资料。同时，善化寺和正定隆兴寺两寺的总体布局尚可辨认，是研究宋、辽佛寺布局，并与文献材料相印证的重要资料。

　　结束了大同的调查，梁思成夫妇、刘敦桢、莫宗江又出发到应县去调查佛宫寺木塔。这是我国现存最古的一座木塔（建于1038年），也是最大的一座木塔，在世界范围来说也算是木结构中最高的一座。塔高67.3米，直径30.27米，体形庞大，呈现出雄壮华美的形象。佛宫寺的总平面，还保持南北朝时期佛寺平面典型的布局。莫宗江回忆："应县的木塔外观五层，还有四层暗层，事实上是九层重叠，具有独立梁柱的结构。我们硬是一层一层、一根柱、一檩梁、一个斗拱一个斗拱地测。最后把几千根的梁架斗拱都测完了，但塔刹还无法测。当我们上到塔顶时已感到呼呼的大风仿佛要把人刮下去，但塔刹还有十多米高，唯一的办法是攀住塔刹下垂的铁链上去。但是这九百年前的铁链，谁知道它是否已锈蚀断裂，令人望而生畏。但梁先生硬是双脚悬空地攀了上去，我们也就跟了上去，这样才把塔刹测了下来。结束了应县木塔的调查，他们又出发到浑源的悬空寺去调查，然后返回大同。"

　　莫宗江回忆学社的调查工作时说："我们每到一个地方，很快就分工，谁测

山西应县木塔远景及近景

平面,谁画横断面,谁画纵断面,谁画斗拱。分工完了,拉开皮尺就干,效率之高,现在回想都难以置信,因为当时每去一个地方经常要步行几十里,一定要干完了才能离去。梁先生爬梁上柱的本事特大。他教会我们,一进殿堂二三下就爬上去了,上去后就一边量一边画。应县木塔这么庞大复杂的建筑,只用了一个星期就测完了。"

这里,笔者把学社一行在大同工作的日程及分工整理于下:

9月6日上午8时到达大同,略事安顿便进城巡视一周,决定考察的建筑物。

6日下午,开始调查华严寺大殿。梁、刘、林、莫的分工如下:梁思成摄影,刘、林抄录碑文,记录结构上特异诸点,莫与工人测量平面。原计划先赴云冈,因雨后路滑,云冈之行顺延。

7日上午,调查华严寺薄伽教藏殿及海会殿,摄影并测平面。7日下午至9日上午调查云冈,9日中午返回大同。

9日下午,调查善化寺,晚林徽因返回北平。

10日至16日,对华严寺、善化寺全部殿堂搭架细测,并用经纬仪测总平面及各殿高度。

17日,梁、刘、莫赴应县调查佛宫寺,刘敦桢先期回平。

山西应县木塔塔刹仰视

18日至23日，梁、莫详测佛宫寺木塔。

24日，由应县赴浑源考察悬空寺后返大同。

25日，补摄华严寺薄伽教藏殿壁藏照片及量尺寸。

26日，返回北平。

其后，复派莫宗江、陈明达二人赴大同，补测普贤阁及壁藏遗漏的尺寸。

前后共二十日，详测及详查的建筑有：华严寺薄伽教藏殿、壁藏及海会殿，善化寺大雄宝殿、普贤阁、三圣殿、山门，云冈诸窟。① 略测的有华严寺大雄宝殿；善化寺东西朵殿、东西配殿及大同市东、西、南三座城楼及钟楼。②

第二次调查正定并调查赵州桥（1933 年）

1933 年 11 月，梁思成、林徽因、莫宗江又再次到正定去做补充调查。他们结束了正定的工作后，林徽因返回北平。梁思成和莫宗江从正定到赵县，去调查民谣中称之为鲁班爷修的赵州桥（即安济桥）。桥当然不是鲁班爷修的，但出乎意料的是，他们竟发现此桥建于隋大业年间，由匠师李春主持建造。我国隋唐以来桥梁的年代确实可考的极少，而安济桥则准确地知道它建于公元605—617 年间，是我国现存最古的桥。这座桥以跨度 37.37 米、高 7.23 米的大弧形石券，横跨洨河上。桥两端各砌两小券，做成空撞券。据文献记载，李春的设计是为了山洪暴发时凶狠的洨河洪水可以顺利通过，且能减轻桥身自重。同时，安济桥在工程技术及艺术形象方面都是一个重大的创造③。 除大

---

① 海会殿现已被拆除。

② 详见《大同古建筑调查报告》，载 1933 年《中国营造学社汇刊》第四卷第三、四期合刊。

③ 详见《赵县大石桥》，《梁思成文集·一》，建筑工业出版社。

1933年11月梁思成考察时拍摄的赵州桥西面全身，桥南端的关帝阁于1946年毁于战火

石桥外，他们还附带调查了其他两小石桥——济美桥和永通桥。随后，又到赵县城内调查了北宋时的陀罗尼经幢，此幢可称经幢中体形最大者，而且形象华丽、雕刻精美，是这一时期经幢的典型代表作。

这次赴赵县调查的古建筑有：安济桥（隋，605—617）、永通桥（明正德二年，1507）、济美桥（明嘉靖二十八年，1549）、柏林寺金代砖塔、宋南街陀罗尼经幢。

赵州桥隋代栏板

1933年梁思成考察测绘赵州桥　　　　1933年梁思成与莫宗江（右）考察测绘赵州桥

第二次赴山西调查晋汾地区（1934年）

1934年，梁思成为了整理应县木塔的调查资料，一直没有离开北平。到了8月，他正准备邀请他的美国好友费正清夫妇同往北戴河避暑，费氏夫妇却邀请梁氏夫妇随他们到山西的汾阳城外峪道河去消夏。因为汾阳离赵城不远，赵城的调查本已列入他们的计划，因而他们也就欣然同往。

山西汾阳城外的峪道河，沿河有数十家磨坊，靠峪道河的清泉为动力。直到电磨机在平遥创立了山西面粉业的中心，这些水力磨坊才渐渐地消寂下来，但此处依山靠水，风景优美，于是有不少传教士买下这废弃的磨坊改成别墅。费氏夫妇带他们去的正是一个传教士的磨坊别墅。别墅的主人，正是20世纪80年代美国驻华大使恒安石的父亲。

梁氏夫妇与费氏夫妇一行，以峪道河为根据地，向邻近的太原、文水、汾阳、孝义、介休、灵石、霍县、赵城等县，做了多次考察，发现古建筑四十余处。正是这次旅行，使费慰梅了解了梁思成的研究工作，并对中国古建筑发生了兴趣。因此行未带助手，对发现的古建筑只做了摄影与预测。[1] 原计划秋后再来详细调查，但直到 1936 年 5 月才成行。

这次发现的古建筑中最重要的有两处：一是太原的晋祠，一是赵城的上下广胜寺及明应王殿。

晋祠在太原近郊，是太原的名胜之一，但梁思成根据以往的经验，得出越是名胜遭重修的可能性越大，因而古建筑最难保存的结论，所以他们并未计划前往考察。直到他们已乘上太原去汾阳的汽车，路过晋祠的后面时，才惊异地抓住车窗望着那大殿的一角侧影，爱不忍去。

由汾阳回太原的途中，他们便到晋祠去做了初步的考察。晋祠的布置既像庙观的院落，又像华丽的宫苑，全部兼有开敞堂皇的局面和曲折深邃的雅趣。圣母庙是晋祠最大的一组建筑，正殿前有飞梁[2]、献殿及金人台等。正殿是一接近正方形重檐歇山顶的殿堂，面阔七间进深五间，四周有围廊，是《营造法式》所谓"副阶周匝"形式的实例。所不同的是，它前廊深两间、内槽深三间，故前廊异常空敞。这种布局梁思成还是初次见到。斗拱的做法与隆兴寺摩尼殿相似，但比之更为豪放生动。从殿的结构上看，县志中所说它重建于宋天圣年间（1022—1033）的说法是准确的。在斗拱上，首次出现了假昂的做法，

1934年梁思成、林徽因、费慰梅在考察山西晋汾地区途中

---

① 详见《晋汾古建筑调查纪略》，《梁思成文集·一》，建筑工业出版社。

② 即一十字石柱桥。

这是值得注意的。在正殿前横跨放生池上的飞梁，在池中立方石柱若干，柱头以普柏枋联络，其上置大斗，斗上施十字相交的拱，以承桥的承重梁。这种石柱式的桥，过去仅在古画中见到，这个石柱桥是唯一的实例，看来也是宋代原物。在飞梁前，又有重建于金大定八年（1168）的献殿。

广胜寺在赵城霍山，分上寺与下寺。广胜寺诸门殿在结构上为我国建筑实物中罕见之特例。下寺的山门前后，各有垂花雨塔悬出檐柱以外，做法极特殊，而且给人一种简洁的美感。上下各寺殿堂的结构均施用巨昂，即使用斜梁及圆形的梁栿。这些都是过去所不曾见到的，可称元代建筑的特征。下寺的正殿为了增加活动空间，采用减柱和移柱法，表现出灵活的设计手法，是明清正规建筑中所不见的。广胜寺创建于唐，金代曾大修，元大德七年（1303）发生强烈地震，以致"大刹毁"，现存的殿宇是元延祐六年（1319）重修的。

明应王殿为广胜寺泉水龙王之殿。我国凡是有水的地方都有龙王庙，但这一处龙王庙规模之大，远在普通龙王庙之上。除去规模之大，它也是龙王庙中极古的一座。殿内四壁皆有元代壁画，其题材为非宗教的，这在古代壁画中极为罕贵。殿建成于元泰定元年（1324），属于元朝祠祀建筑殿堂的一种类型。殿前庭院很大，供当时公共集会和露天看戏之用。中国戏曲在元代有很大发展，许多公共建筑正对大殿建造戏台，成为元朝以来祠祀建筑的特有形式。明应王殿的壁画和上下广胜寺的梁架都是极罕贵的遗物。

考察完广胜寺，他们又满怀信心地出发，到霍山中去寻访唐代的兴唐寺。

我们晨九时离开广胜寺下山，等又折回到霍山时已走了十二小时！沿途风景较广胜寺更佳，但进山时实已入夜，山路崎岖，峰峦迫近如巨屏。谷中渐黑，凉风四起，只听脚下泉声奔湍，看山后一两颗星点透出夜色，骡役俱疲，摸索难进，竟落后里许。我们本是一直徒步先行的，至此更得奋勇前进，不敢稍息（怕夫役强主回头，在小村落里住下），入山深处，出手已不见掌，加以脚下危石错落，松柏横斜，行颇不易。

喘息攀登，约一小时，始见远处一灯高悬，掩映松间，知已近庙，便急进敲门。

等到老道出来应对，始知原来我们仍远离着兴唐寺三里多，这处为霍岳山神之庙，称中镇庙。乃将错就错，在此住下。

我们到时，已数小时未食，故第一事便到"香厨"里去烹煮，厨在山坡上窖穴中，高踞庙后左角。庙址既大，高下不齐，废园荒圃，在黑夜中更是神秘。当夜我们就在正殿塑像下秉烛洗脸铺床，同时细察梁架，知其非近代物。这殿奇高，烛影之中，印象森然。

第二天起来，忙到兴唐寺去，一夜的希望顿成泡影。兴唐寺虽在山中，却不知如何竟已全部拆建，除却几座清式的小殿外，还加洋式门面等等；新塑像极小，或罩以玻璃框，鄙俗无比，全庙无一样值得纪录的。

这次晋汾之行虽不是正式的考察，却发现了不少重要的古建筑。看到不少民间建筑，其手法表现了勃勃的生命力和设计者的灵活。

发券建筑为山西古建的一个重要特征，如太原的永祚寺大雄宝殿，是中国发券建筑的主要作品，也是建筑史研究中之有趣实例。

初步考察较重要的建筑如下：

地　点	古建筑
太原	晋祠（宋，1022—1023）、永祚寺大殿及双塔（明，1597）
汾阳县	峪道河、龙天庙（元，经后代修葺）、大相村、崇胜寺（元建，明代修葺）、杏花村、国宁寺、小相村、灵岩寺（毁）
文水	开栅镇、圣母庙（元）、文水县、文庙
孝义	吴屯村、东岳庙
霍县	太清观、文庙、东福昌寺、西福昌寺、火星圣母庙、县政府大堂
赵城	上下广胜寺、明应王殿（元）、霍山中镇庙

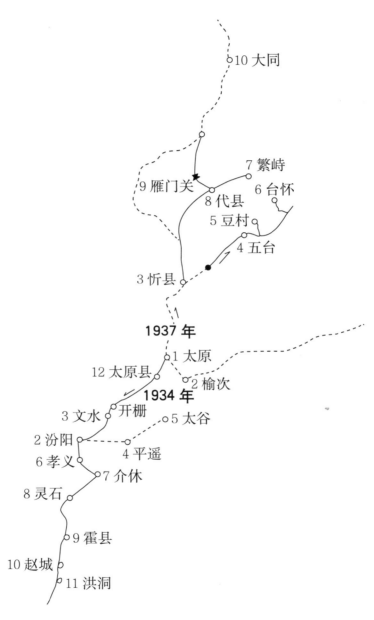

10 大同

7 繁峙
6 台怀
9 雁门关
8 代县
5 豆村
4 五台
3 忻县

1937 年

1 太原
12 太原县
2 榆次
3 文水
开栅
5 太谷
2 汾阳
1934 年
4 平遥
6 孝义
7 介休
8 灵石
9 霍县
10 赵城
11 洪洞

1934、1937年梁思成等山西调查路线图

第一次赴河北西部调查（1934年）

1934年9月，刘敦桢偕莫宗江、陈明达赴河北西部定兴、易县、涞水考察。

1931年，刘敦桢在友人处见到定兴石柱村石柱的照片，柱顶上托一石屋，他感到这小石屋十分古朴，因而决定前往考察。果然是北齐作品。这个纪念性石柱，基本保存汉以来墓表的形制。柱础为莲瓣，上立八角形的柱子，柱身上段前面做成方形，上刻铭文。柱顶置平板，其上置一座雕刻精致的小殿，是当时（北齐天统五年，569）建筑形制的一个可贵模型。它与天龙山北齐石窟及云冈石窟等石雕都是研究隋唐以前建筑的重要资料。[1]

河北、山西两省的市镇，往往在十字街口建四座牌楼形成市中心，或在街道交叉点建一座钟楼、庙宇，使四方街道汇集于一个大建筑物前，成为市镇的一个景点和中心。慈云阁便是这样性质的一个建筑物。慈云阁历史已久，但现

1934年刘敦桢考察河北定兴石柱村石柱

1934年莫宗江、陈明达在河北易县白塔山白塔下

---

① 详见《定兴北齐石柱》，《刘敦桢文集·二》。

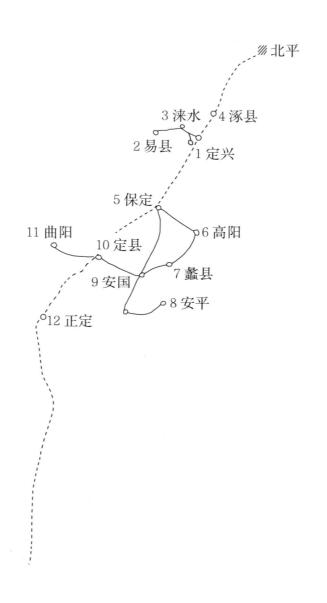

1934、1935年刘敦桢等赴河北调查路线图

1934年刘敦桢（右一）考察易县泰东陵

存的阁重建于元大德十年（1306）。

据记载，开元寺创建于唐。辽、金、元、明、清各代均有重修的记录。现存的毗卢、观音、药师三小殿，为辽乾统五年（1105）所建。这三殿都有精美的藻井。此外，大木结构中，在平盘斗上跪着一个角神，身体肥短，蓄有两撇八字胡须，用头与双肩撑在大角梁下，一种滑稽神情，栩栩如生。在木建筑实例中，这还是第一次见到，可与《营造法式》互相印证。

易县与涿县塔幢甚多。其中，如泰宁寺舍利塔就是辽代密檐塔的一个典型。涿县云居寺、智度寺的砖塔，均仿木塔式样。他们还测绘了清西陵，结合样式雷图样的研究，揭开了清代帝后陵墓的秘密。[1]

这次考察发现的古建筑有[2]：

---

[1]　详见《易县清西陵》,《刘敦桢文集·二》。

[2]　详见《河北省西部古建筑调查纪略》,《刘敦桢文集·二》。

地点	古建筑
定兴	县城慈云阁（元成宗大德十年建成，1306）、石柱村北齐石柱（569）
易县	清西陵、开元寺三殿（1105）、白塔（宋或辽）、泰宁山泰宁寺塔（辽）
涞水	大明寺经幢三座（建于宋辽）、西冈塔（金代）、水北村石塔（唐，712）
涿县	云居寺塔（辽，1090）、智度寺塔（时代与前塔略同）、普寿寺

调查浙江古建筑（1934年）

1934年10月，梁思成、林徽因应浙江省建设厅的邀请到杭州商讨六和塔重修计划。[①] 刘致平亦同行并负责测绘灵隐寺双石塔及闸口白塔。[②] 灵隐双塔建于宋建隆元年（960）。闸口白塔也是同一时期的作品。此三塔实际上可说是塔形经幢或当时木塔的忠实模型。因此，对宋初木塔的研究，是一个极可贵的资料。杭州的工作完毕后，他们又赴浙南的宣平县陶村调查延福寺[③]。从延福寺的月梁、棱柱及柱质等做法上看，鉴定其的确是元泰定三年（1326）的作品。江南的气候本不宜于木建筑之保存，而他们此行不但发现了元代的延福寺，又在金华天宁寺发现了一座元代大殿，实属难得。归途中，他们在吴县甪直镇调研了保圣寺大殿；过南京时，

杭州六和塔（1934年中国营造学社拍摄）

[①] 详见《杭州六和塔复原状计划》，《梁思成文集·一》。

[②] 详见《浙江杭县闸口白塔及灵隐双石塔》，《梁思成文集·二》。

[③] 宣平延福寺的调查报告已完成，于1937年送印刷厂，因抗日战争未如期出版，文稿亦散失。

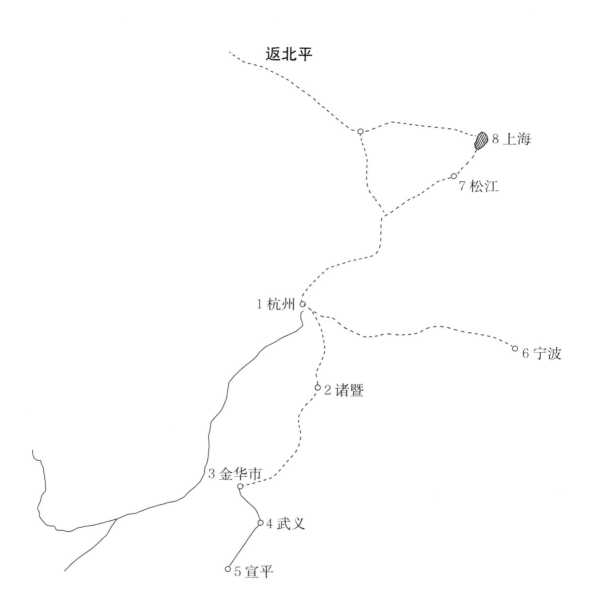

返北平

8 上海

7 松江

1 杭州

6 宁波

2 诸暨

3 金华市

4 武义

5 宣平

1934年梁思成等浙江调查路线图

往栖霞寺石塔及萧梁忠武王墓摄影。

这次赴杭测绘鉴定以下古建筑：

地点	古建筑
杭州	灵隐寺双石塔（宋，960）、闸口白塔（时代同前）
宣平	延福寺（元，1326）
金华	天宁寺大殿（元）

曲阜孔庙的修葺计划及建筑考察（1935 年）

1935 年 2 月，梁思成奉教育、内政两部命，到曲阜勘察孔庙并作修葺计划。同行的有莫宗江。曲阜孔庙占据了曲阜的半个城，南北六百多米，东西一百五十多米。他们将孔庙所有门殿的平面都做了详细测量，并在平面上详细注明结构上损坏的情形及地位。对大成殿、奎文阁两座最重要的殿宇及孔庙建筑中最古的金代碑亭，进行了详细的测绘，包括断面图及斗拱详图。省建设厅于皞民诸人协助将全庙的方位测出，各建筑物墙柱的配置是按照梁思成、莫宗江的测量详图加上去的。他们除测绘孔庙外，还将孔林、颜庙视察一遍。共摄影三百二十余幅。在曲阜工作五日，梁思成先行回平，莫宗江留下继续工作，半月后始归。

此行，他们测绘了大小建筑详细平面约四十处，全部详测的有大成殿、奎文阁、金碑亭两座、元代碑亭两座、元代门三座。

梁思成的文物建筑维修观及古建筑年代鉴别方法

返回北平后，梁思成立即着手撰写了十三万字的修葺计划。[①] 在这个计划中，他初步阐明了对古建筑维修的原则及看法：

> 在设计人的立脚点上看，我们今日所处的地位，与二千年以来每次

---

① 详见《曲阜孔庙之建筑及其修葺计划》，《梁思成文集·二》。

重修时匠师所处地位，有一个根本不同之点。以往的重修，其唯一的目标，在将已破敝的庙庭，恢复为富丽堂皇、工坚料实的殿宇，若能拆去旧屋，另建新殿，在当时更是颂为无上的功业或美德。但是今天我们的工作却不同了，我们须对于各个时代之古建筑，负保存或恢复原状的责任。在设计以前须知道这座建筑物的年代，须知这年代间建筑物的特征；对于这建筑物，如见其有损毁处，须知其原因及补救方法；须尽我们的理智，应用到这座建筑物本身上去，以求现存构物寿命最大限度地延长，不能像古人拆旧建新。于是这问题也就复杂多了。所以在设计上，我以为根本的要点，在将今日我们所有对于力学及新材料的知识，尽量地用来，补救孔庙现存建筑在结构上的缺点，而同时在外表上，我们要极力地维持或恢复现存各殿宇建筑初时的形制。所以在结构上，徒然将前人的错误（例如太肥太偏的额枋，其原尺寸根本不足以承许多补间斗拱之重量者），照样地再袭做一次，是我这计划中所不做的；在露明的部分，

梁思成保存的《曲阜孔庙建筑及其修葺计划》书影

改用极不同的材料（例如用小方块水泥砖以代大方砖铺地），以致使参诣孔庙的人，得着与原用材料所给予极不同的印象者，也是我所需极力避免的。但在不露明的地方，凡有需要之处，必尽量地用新方法、新材料，如钢梁、螺丝销子、防腐剂、防潮油毡、水泥钢筋等等，以补救旧材料古方法之不足；但是我们非万万不得已，绝不让这些东西改换了各殿宇原来的外形。

　　我本来没有预备将孔庙建筑作历史的研究，但是在设计修葺计划的工作中为要知道各殿宇的年代，以便恢复其原形，搜集了不少的材料；竟能差不多把每座殿宇的年代都考察了出来。我觉得这一处伟大的庙庭，除去其为伟大人格的圣地，值得我们景仰纪念外；单由历史演变的立场上看，以一座私人的住宅，两千余年间，从未间断的在政府的崇拜及保护之下；无论朝代如何替易，这庙庭的尊严神圣却永远未受过损害；即使偶有破坏，不久亦即修复。在建筑的方面看，由三间的居堂，至宋代已长到三百余间，世代修葺，从未懈弛；其规模制度，与帝王相埒。在这两点上，这曲阜孔庙恐怕是人类文化史中唯一的一处建筑物，所以我认为它有特别值得我们研究的价值。

　　本文中建筑物各个的研究法，是由结构及历史两方面着眼，以法式与文献相对照，以定其年代。这样考证的结果，在这一大群年代不同的建筑物中，竟找着金代碑亭两座、元代碑亭两座、元代门三座，明代遗构，更有多处可数；至于清代的殿宇，亦因各个时代而异其形制。由建筑结构的沿革上看，实在是一群有趣且难得的例子。

年底，他又与林徽因共同署名发表了《平郊建筑杂录续》[①] 一文，文中梁思成总结了他多年调查的经验，阐述了他对古建筑年代鉴别的方法程序，这也是

---

① 　此文已收入《梁思成文集·一》。

梁思成工作方法的一篇重要论文。

第一次赴河南调查安阳古建筑（1935 年）

1935 年 5 月，梁思成的弟弟考古学家梁思永在安阳侯家庄主持的考古发掘，共发现大墓十座、小墓千余座。发掘规模的宏大、考古收获的丰富，在国内都是空前的。梁思成素对考古有浓厚的兴趣，因此他赴安阳去看思永的考古成果，顺便调查安阳的古建筑。天宁寺的雷音殿是安阳最古的建筑，建于辽金时期，寺内砖塔形制奇特，为元代所建。

第二次赴河北西部调查（1935 年）

1935 年 5 月，刘敦桢再次赴河北西部调查。同行的有陈明达、赵法参及一工人。他们共走了八个县，考察古建筑三十多处，其中重要的有：安平圣姑庙、曲阳县北岳庙德宁殿、定县考棚等。

安平圣姑庙在安平县城北门外，殿重建于元大德十年（1306）。庙立于广大高台之上，规模甚大。正殿采用了元代常用的工字形，并且尽量利用天然木材不加斫削。斗拱采用了假昂的做法。

曲阳县北岳庙在县城西南角，规模异常宏巨，但清顺治十七年（1660），改北岳祀典于山西浑源州后，此庙渐废弃，仅德宁殿保存稍佳。殿重建于元世祖至元七年（1270），外观雄伟异常，殿面阔七间，周有回廊，与《营造法式》卷三十一"殿身七间，副阶周匝，……身内金箱斗底槽"，图极相似。殿内尚有一部分元代壁画，十分可贵。

定县考棚在县东大街，那时已改为平民教育促进会，建于清道光十四年（1834）。虽然年代并不古，且又经后代维修，结构上也有些改动，但仍能看出原貌，为我国历代科举制度提供了一个实物资料。

第二次赴河北西部调查（1935 年）主要建筑表 ①

地点	古建筑
保定	关帝庙、文庙
安阳	碑坊三处
安平	圣姑庙（元，1306）、文庙（明）
安国县	三圣庵、药王庙
定县	开元寺料敌塔（宋，1055）、考棚（清，1834）、大道观正殿（元）、天庆观玉皇殿（元）
曲阳	北岳庙德宁殿（元，1270）、城隍庙、关帝庙
蠡县	石轴柱桥
正定	补测摩尼殿

正定的古建筑，梁思成已调查两次，这次刘敦桢又前往调查。二人在建筑年代的鉴定上略有一些出入，刘的判断均比梁要晚，两人的认真态度表现了治学的严谨，这种精神也影响了学社的其他成员。莫宗江晚年回顾他一生所测过的大量古建筑时说："正定开元寺的钟楼，梁先生判断为五代作品，刘先生则认为它是宋代。尽管它已被后代修改得面目全非，但我肯定它是唐代重建的，它的斗拱、月梁和佛光寺不同，比较接近日本早期的建筑，所以我认为它是唐代早期的作品。"

调查苏州古建筑（1935 年）

1935 年 8 月刘敦桢暑假南下新都，归途中顺便去苏州游览二天。不期发现苏州竟有多处古建筑。"返平后出所摄照片示梁思成先生，相与惊诧，以为大江以南，一城之内，聚若许古物，舍杭州外，当推此为巨擘。适首都中央博物馆征求建筑图案，聘梁先生与刘为审查员，因此决计乘南行之便再做第二次考察。"他们邀请社友卢树森、夏昌世二位一起参加测绘工作。从 9 月 7 日开始工作，10 日晚梁因事返平，11 日夏亦返南京，刘敦桢与卢留下。先量三清殿内檐斗拱

① 详见《河北省西部古建筑调查纪略》，《刘敦桢文集·二》。

及双塔尺寸，又至北塔、虎丘塔等处补摄照片，至 14 日结束工作。

此次经他们调查的古建筑有：①

古建筑	建造年代
玄妙观三清殿	宋孝宗淳熙六年（1179）重建
罗汉院双塔	宋太宗太平兴国七年（982）
报恩寺塔	塔身砖造重建于南宋，外围采用木构。经多次修葺，最后一次是光绪二十六年（1900）
虎丘云岩寺塔	五代宋初
虎丘二山门	元顺帝至元四年（1338）
府文庙	内藏平江图碑刻，南宋绍定二年（1229）立，为我国官署建筑不可多得之史料
瑞光塔	南宋淳熙年间（1174—1189）
开元寺无梁殿	明万历四十六年（1618）
其他	留园、怡园、环秀山庄、拙政园、狮子林、木渎花园、严家花园等

调查北平古建筑（1935 年）

1935 年 10 月，刘敦桢率陈明达、邵力工、莫宗江测绘北平护国寺。护国寺是明清名刹，规模宏大，但至民国已塌毁多半，今已荡然无存。这一年的测绘给我们留下了完整的资料。②

继之，刘又率陈明达调查了北平的喇嘛塔，有妙应寺白塔（元）、护国寺二舍利塔（明）、三河桥白塔庵白塔（明）、北海永安寺白塔（清）、西黄寺清净化城塔（清）等。

古建筑调研报告的编辑与《中国建筑参考图集》的编辑与出版

自 1933 年以来测绘的古建筑越来越多，有关的调查报告日益深入，已不是

---

① 详见《苏州古建筑调查记》，《刘敦桢文集·二》。

② 详见《北平护国寺残迹》，《刘敦桢文集·二》。

汇刊所能容纳得下。因此，决定发行《古建筑调查报告专刊》，1935 年已完成两辑。从中英庚款拨给学社的经费中再拨出专款，作为出版经费，由梁思成负责。

第一辑《塔》，内容为山西应县佛宫寺木塔、杭州宋六和塔、闸口及灵隐寺宋石塔、河北涞水县唐先天石塔、定县开元寺塔、苏州双塔寺塔及其他宋辽塔等。

第二辑《元代建筑》，内容有正定关帝庙、山西赵城广胜寺、河北安平圣姑庙、定兴县慈云阁、曲阳北岳庙德宁殿、浙江宣平延福寺等六组建筑。

此外，还准备出一个晋祠的专辑，这些文稿图版已于 1936 年底送印刷厂，但因抗日战争爆发，未及印刷，文稿图片也散失了。

20 世纪 30 年代，正值中国内忧外患最为深重之时，当时的政治环境与社会心理形成国家至上与民族至上的思想。因此，在新建筑中强调"中国固有式"的呼声日高。不仅建筑师有这个要求，政府官员乃至业主，都在不同程度上要求在建筑上表现我国的民族形式。上海的华盖建筑事务所，十分努力尝试在新建筑中体现本民族的风格。当时，建筑界深感这方面设计参考资料的贫乏，请求学社编辑可供建筑师设计参考的图集。自 1934 年开始，在梁思成主持下，由刘致平从学社历年收集的四千余张图片中，选择有设计参考价值的编成专集，供设计人员参考。至 1935 年已出版了台基、栏杆、斗拱（二集）、店面。到 1937 年抗战前夕，又出版了柱础、琉璃瓦、外檐装修、雀替、藻井，共十集。

第二次赴河南调查西北十三县（1936 年）

1936 年 5 月，刘敦桢率陈明达、赵法参赴河南调查。河南是汉民族的发源地，历史悠久。这块土地上的建设活动于历代史书中常见记载，但因战乱，所受的破坏也比边远地区更甚。刘敦桢等此行调查了十三个县，虽然很多名寺古刹已成一片瓦砾或已坍塌，但他仍认真地考察了每一处古刹的历史沿革。此行包括对遗址的调查在内，有二百八十多座房舍。其中金以前的有：济源奉仙观大殿、济渎庙，登封太室、少室、启母三石阙，登封中岳庙、崇福宫、会善寺净藏禅师塔，少林寺初祖庵，嵩岳寺塔，龙门石窟，等等。

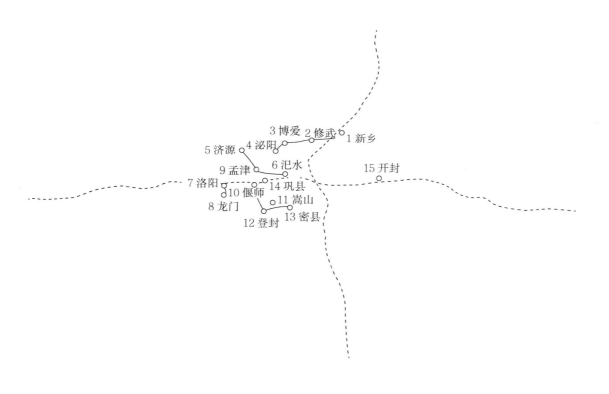

3 博爱　2 修武
　　　　　　1 新乡
5 济源　4 泌阳
　　　　6 沁水
9 孟津　　　　　　15 开封
7 洛阳　14 巩县
　10 偃师
8 龙门　　11 嵩山
　　　　13 密县
12 登封

1936年刘敦桢等河南调查路线图

陈明达（左）、赵正之（右）在刘敦桢率领下考察少室
石阙

1936年赵正之（右一）、刘敦桢
（右二）考察偃师升仙观武则天御书碑

济源奉仙观大殿大约建于金初，结构奇特。其梁架在正脊前三架，脊后增至四架，因此后檐比前檐低。檐柱用八角形粗巨的石柱，内柱仅二根，因此屋顶重量大部分集中在此二柱上，手法豪放、构思奇特，是极罕见的。

我国古代崇祀山川神，济渎庙是祭祀济水的庙宇。济渎庙规模几乎可与中岳、东岳、北岳等庙并驾齐驱。自从隋开皇二年（582）建庙以来，直到清代未曾废止。拜殿与寝宫是宋代遗物，也是河南最古的建筑。

在登封县城外中岳庙附近的太室石阙，是我国汉阙中除四川李业阙外最古的汉阙，建于后汉安帝元初五年（118），在形制与年代上与附近的少室阙及嵩山的启母阙比较接近。

中岳庙内建筑多已坍塌，现存中岳庙大殿为清建，唯庙中保存的"大金承安重修中岳庙图"碑及殿中所藏乾隆木刻"钦修嵩山中岳庙图"均是重要文献，尤其是金代石碑内容翔实，为我国建筑史中极罕贵的史料。

崇福宫在城北四里，主体建筑已毁，仅存山门及附属房舍以及泛觞亭（即后代流杯亭）。崇福宫此亭为现存最古的流杯亭实物。

会善寺净藏禅师塔建于唐天宝五载（746），平面八角形、砖造、塔身砌出阑额、栌斗、横枋、蜀柱、门、门钉、直棂窗等，可见其忠实地模仿当时木建筑的式样。唐代佛塔均为四方形，八角形仅此一例。

少林寺首创于魏。同样由于战争的原因，寺内建筑修而复毁，几经起落。最后一次劫难在1928年，时军阀石友三与樊钟秀战于登封，少林寺被石友三部队焚掠大半。现存殿堂多为清建，刘敦桢对寺的碑记遗址做了详细考察。初祖庵建于宋宣和七年（1125），在寺北二里，所以尚保存原貌。在学社已调查的古建筑中，唯此殿的斗拱结构与《营造法式》最接近，所以它是珍

1936年赵正之测绘密县法海寺石塔

1936年刘敦桢考察汜水土窑

贵的实物。庵的前踏道中间夹入垂带石一列，可能即明清殿阶御路的前身。

嵩岳寺塔位于嵩山南麓，是现存最古的砖塔，建于北魏孝明帝正光元年（520）。塔的造型及其券门，都明显表现出此塔受到了印度风格的影响，是我国密檐塔的鼻祖。

1936年梁思成、刘敦桢、林徽因等在洛阳龙门石窟考察

1936年5月28日，梁思成、林徽因抵洛阳，会同刘敦桢等考察龙门石窟。他们对龙门踏察了四天，分工如下：

刘敦桢任编号及记录建筑特征；林徽因记录佛像雕饰；梁思成、陈明达摄影；赵法参抄录铭刻年代；写生及局部实测，则由大家分别担任。[①]

在龙门期间，最感苦恼的莫过跳蚤的袭击。刘在日记中写下："寓室湫隘，蚤类猖獗，经夜不能交睫。"后来，梁思成也回忆起这次的跳蚤大战。他说："我们回到旅店铺上自备的床单，但不一会儿就落上一层砂土，掸去不久又落一层，如是者三四次，最后才发现原来是成千上万的跳蚤。"石窟工作完毕，他们又调查了附近的关羽墓。

① 详见《龙门石窟调查笔记》，《刘敦桢文集·二》。

在汜水时，刘敦桢还注意到当地的窑洞住宅，并做了初步的调查。

他们此行调查的重要古建筑有：①

地点	古建筑
新乡	关帝庙（清建）
修武	文庙（明万历年建）、胜果寺（北宋）、二郎庙（元代）、汉献帝陵
博爱	明月山宝光寺（创建于金，元明扩建）、民权镇观音阁（明初）
沁阳	东魏造像碑、天宁寺大雄宝殿（年代不详）、天宁寺塔（金大定十一年，1171）、城隍庙碑楼（明代）
济源	王屋山阳台宫（元明不详）、紫微宫（清）、济渎庙（宋代原物，明清修葺）、奉仙观（金初）、延庆寺舍利塔（宋代）、望春桥（明万历十二年，1584）
汜水	等慈寺（明万历年间）
洛阳	龙门石窟（唐代）、关羽墓、白马寺塔（金大定）
孟津	汉光武陵
偃师	唐太子弘陵
登封	汉太室（汉，118）、少室、启母庙石阙（汉）、中岳庙（明末清初重修）、嵩岳书院（清初）、崇福宫（已毁）、嵩岳寺塔（魏正光元年，520）、法王寺塔（唐代）、会善寺大殿（金建清修）、会善寺净藏禅师塔（唐代）、永泰寺塔（约为唐）、少林寺（明清）、初祖庵（宋宣和七年，1125）、西刘碑村碑楼寺北齐碑及唐开元石塔、告城周公观星台（元代）
密县	法海寺塔（宋真宗咸平二年，999）
巩县	石窟寺
开封	相国寺、铁塔、繁塔、关帝庙等

① 详见《河南省北部古建筑调查记》，《刘敦桢文集·二》。

由伊水东岸西眺龙门石窟奉先寺大像龛及大像龛近景

第一次赴山东调查中部十一县（1936 年）

1936 年 6 月，结束了龙门石窟的调查之后，梁思成、林徽因一同到开封调查了宋代的繁塔、铁塔及龙亭等处，然后从开封直抵济南，与麦俨曾会合。后继续往东，到历城、章丘、临淄、益都、潍县又回到济南，再南下到长清、泰安、滋阳、济宁、邹县、滕县。

重要的古建筑有隋大业七年（611）建的历城神通寺四门塔，它的外形

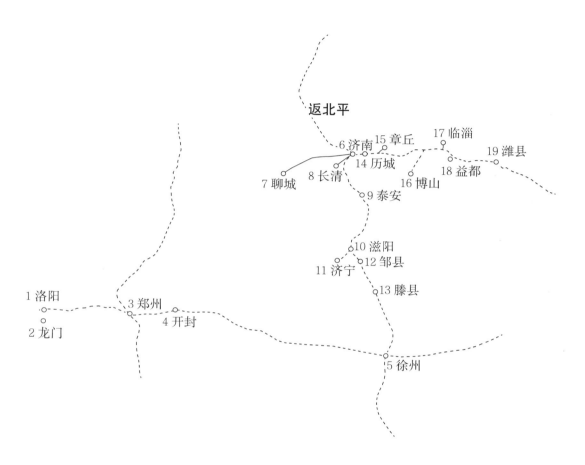

返北平

6 济南　15 章丘　17 临淄
　　　　　　　　　　　　19 潍县
　　　14 历城
8 长清　　　　　　18 益都
7 聊城　　　　16 博山
　　　9 泰安

10 滋阳
　　　12 邹县
11 济宁
　　　13 滕县

1 洛阳　3 郑州
2 龙门　4 开封
　　　　　　　5 徐州

1936年梁思成等赴河南、山东调查路线图

1936年林徽因测绘山东滋阳兴隆寺塔

与云冈浮雕所见极相似。泰安岱庙的山门仍保持方形门洞的古制，恰似宋画《清明上河图》中所见，也是国内的孤例。他们原计划还要调查益都云门摩崖雕像。云门雕像是隋代雕像的精品，但已破坏得很厉害。由于途中经常有土匪出没，对来往旅客进行抢劫，益都当局极力劝阻，他们也就只好作罢。

此行调查测绘的古建筑有：

地点	古建筑
开封	佑国寺铁塔（宋庆历年间，1041—1048）、繁塔（宋太平兴国二年，977）、龙亭
历城	神通寺四门塔（隋大业七年，611）、郎公塔（唐建）、元明墓塔三十余座、千佛崖唐代造像、涌泉庵等
章丘	常道观元代大殿、白云观、清静观元代正殿、文庙金代大成殿、永兴寺民居等
临淄	兴国寺遗址及北魏佛像
益都	县文庙
潍县	县文庙及石佛寺明代大殿
长清	灵岩寺千佛殿（宋建明代重修），辟支塔（宋代）、慧崇塔及法定塔（唐代），宋、元、明历代墓塔一百四十余座
泰安	岱庙、泰山上道观等多处
滋阳	兴隆寺砖塔（宋嘉祐八年，1063）、灵应庙大殿（明）、泗水桥等
济宁	铁塔寺铁塔（北宋建）、钟楼
邹县	法兴寺宋塔、亚圣庙
滕县	龙泉寺明塔、兴国寺遗址
其他	居民、桥梁、园林等多处

第三次赴山西调查晋汾建筑（1936年）

自从1934年8月梁思成、林徽因对晋汾地区做了初步调查之后，原计划在秋季再去做详细的测绘，直延至1936年10月中旬才得以成行。此行有梁思成、莫宗江、麦俨曾。

他们此行的任务是测绘以下建筑：

地点	古建筑
太原	永祚寺大殿及双塔（明万历二十五年，1579）、晋祠圣母庙及飞梁（建于宋天圣年间，1023—1032）、献殿（重建于金大定八年，1168）、叔虞祠及晋祠奉圣寺和多处附属建筑、天龙山北齐石窟、圣寿寺
赵城	上下广胜寺多处元代殿堂及元代明应王殿、明代飞虹塔
洪洞	泰云寺（元）、龙祥观（元）、弥勒寺（宋）、火神庙（元）、文庙（明）、东岳庙（明）
临汾	平阳府文庙（明）、县文庙、大云寺砖塔（清）、云泉宫正殿（宋）、崇宁寺正殿（明）
汾阳	县文庙、城隍庙、善惠寺
新绛	文庙（明）、武庙（清初）、龙兴寺塔（明）
太谷	资福寺藏经楼（元）

第一次调查陕西古建筑（1936年）

1936年11月，结束了山西的工作，梁思成又率莫宗江、麦俨曾继续奔赴西安。当时，山西往西安去的火车尚未正式开通，他们只好乘坐四处漏风的铁皮货车前往。时已11月下旬，天气寒冷，途中又逢寒流，他们在不很严密的车厢中冻得上下牙直打战，只好把报纸夹在毛毯中围在身上。这样可以不透风，利于保暖，但仍是冻得不能交谈。到了西安，因已进入冬季，野外调查十分困难。

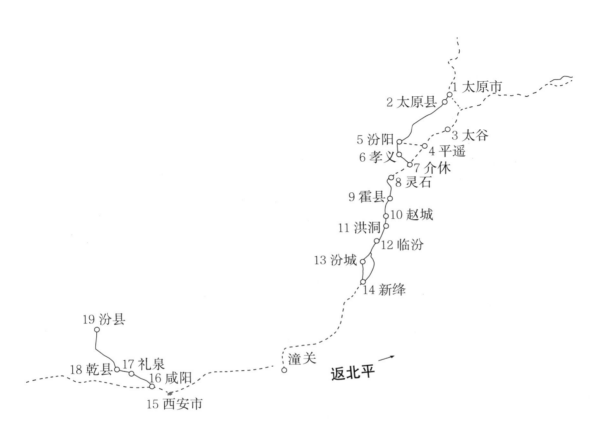

1 太原市
2 太原县
3 太谷
5 汾阳
4 平遥
6 孝义
7 介休
8 灵石
9 霍县
10 赵城
11 洪洞
12 临汾
13 汾城
14 新绛
19 汾县
17 礼泉
18 乾县
16 咸阳
15 西安市
潼关
返北平

1936年梁思成赴山西、陕西调查路线图

1936年莫宗江随梁思成考察天龙山石窟留影

1936年麦俨曾随梁思成考察天龙山石窟时留影

1936年梁思成测绘山西太谷万安寺大殿

他们测绘的有：

地点	古建筑
西安	慈恩寺大雁塔（建于唐武后长安年间，701—704）、大雁塔门楣石刻（忠实地反映了唐代木建筑的形式）、青龙寺、卧龙寺、宝塔寺（唐代）
长安县	香积寺塔（唐）
咸阳	周文王陵、武王陵、唐武氏顺陵、兴平县汉武帝陵、霍去病墓（汉）

第三次赴河北、河南以及第二次赴山东调查（1936 年）

1936 年 10 月，刘敦桢再次率陈明达、赵法参赴河南、河北及山东调查，这次调查鉴定的唐、宋、辽时期的砖石塔、幢很多，木构建筑多为明、清时期，较古的建筑有新城开善寺辽代大殿，肥城的郭巨祠是汉代唯一留存的建筑实物。

经他们调查的建筑有：①

地点	古建筑
涿州	东禅寺（新建）、南塔（辽）、北塔（辽）、普寿寺
新城	开善寺大殿（辽）、文昌宫二塔（辽末）
行唐	封崇寺大殿（明）、石塔（隋）、经幢（北宋）
邢台	城楼、县府、净土寺基塔，开元寺塔院有唐、五代、辽墓塔多座，天宁寺塔及经幢
大名	普照寺（明）、城隍庙（明末）、文庙
磁县	城楼、城隍庙、北响堂山常乐寺石窟十六处（其中早期石窟为北齐）、南响堂山石窟七处
安阳	天宁寺雷音殿及塔（补测）、大士阁、白塔寺
汲县	石幢、石牌坊、砖塔
滑县	明福寺塔、城隍庙
武陟	法云寺大殿（金元间）、牌楼、民居、妙乐寺、宋代经幢及砖塔
滋阳	补摄重兴寺砖塔照片、娘娘庙
嘉祥	石坊、文庙
济宁	补拍铁塔照片、钟楼
肥城	汉郭巨祠、文庙、无梁殿、石坊
泰安	东岳庙
景县	开福寺大殿（明天顺六年，1462）、文庙

此行自 1936 年 10 月 19 日至 11 月 24 日，约一个月走了十六个县，经调查

---

① 详见《河北、河南、山东古建筑调查日记》，《刘敦桢文集·二》。

的建筑物，包括遗址约一百六十处。因为气候已入冬，工作十分艰苦，行至磁县就遭特大风沙的袭击，致使测量仪器内部混入泥沙，不能使用，只好由王璧文送回北平修理。行至汲县赴武涉途中，又逢风沙，几乎如行沙漠中。到11月中旬，因连续野外作业双手都已冻裂。11月23日，刘敦桢在日记中写道："天寒风凛，双手皲裂，不能工作，乃返寓编制相片目录。"他没有更多地诉说他的痛苦，只是改换了工作。我们没有得到学社其他成员的日记，但是无疑，刘

1936年梁思成测绘邢台天宁寺塔

1936年陈明达随刘敦桢考察邢台开元寺经幢

1936年刘敦桢等测绘河北行唐封崇寺经幢；上为陈明达，下为赵正之

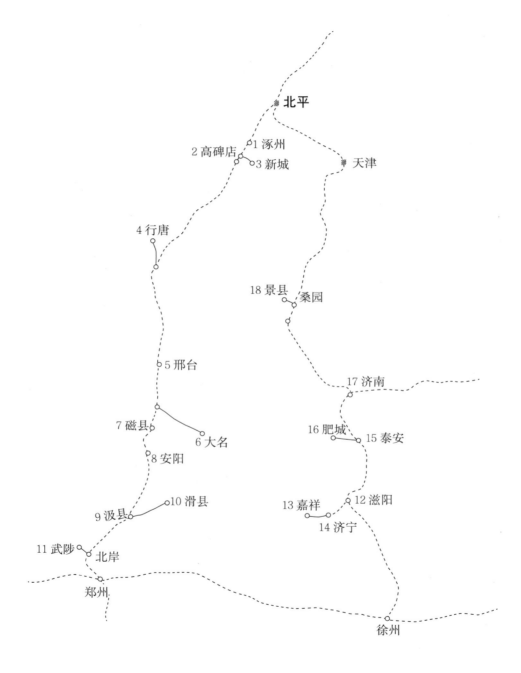

北平

1 涿州
2 高碑店
3 新城
天津

4 行唐

18 景县
桑园

5 邢台

17 济南

7 磁县
6 大名
16 肥城
15 泰安
8 安阳

10 滑县
13 嘉祥
12 滋阳
9 汲县
14 济宁
11 武陟
北岸

郑州

徐州

1936年刘敦桢等赴河北、河南、山东调查路线图

敦桢的日记代表了全体学社成员的工作状况及其精神所在。

1936 年以后，日本帝国主义的侵华野心越来越暴露，时局日益动荡紧张。梁思成与刘敦桢也感到时间的紧迫，他们马不停蹄地连续外调，要赶在侵略者入侵以前把华北、中原地区的古建筑全部调查完毕，唯恐一旦战争爆发，这些祖国的瑰宝、民族的珍贵遗产将在战火中化为灰烬。

第四次赴河南、第二次赴陕西调查（1937 年）

1937 年 5 月，刘敦桢率赵法参、麦俨曾再赴河南、陕西调查。他们先赴登封，指导中央研究院修葺登封三汉阙及周公庙（即告城测景台）。工作结束后，又赴嵩山，准备对嵩岳寺塔做详细的测绘，但因附近没有村落，亦难寻到搭架的杉杆，只得作罢。于是回洛阳，直赴西安。

西安虽是历史名城，但城内最古的木构建筑只有旧布政司署的府门三间，是元代作品。其次是位于华觉巷的东大寺及大学习巷的西大寺，两个清真寺以华觉巷东大寺年代更早，建于明洪武二十五年（1392）。西大寺建于明永乐十一年（1413）。这两个寺以东寺规模较大，但殿堂已大部分于清代改建。西寺规模略小，但明代建筑保存完好，可惜后来被毁了。西安的木构建筑几乎都是清代所重建的，而唐代以来的砖石塔、幢则比比皆是。在陕西境内，所到各处亦大体如此。刘敦桢在西安期间，梁思成夫妇亦应顾祝同之邀去西安做小雁塔的维修计划。同时，梁思成还为西安碑林工作做了设计。于是，他们又一同调查了西安的古建筑。这期间，梁思成、林徽

1937年林徽因测绘陕西耀县药王庙

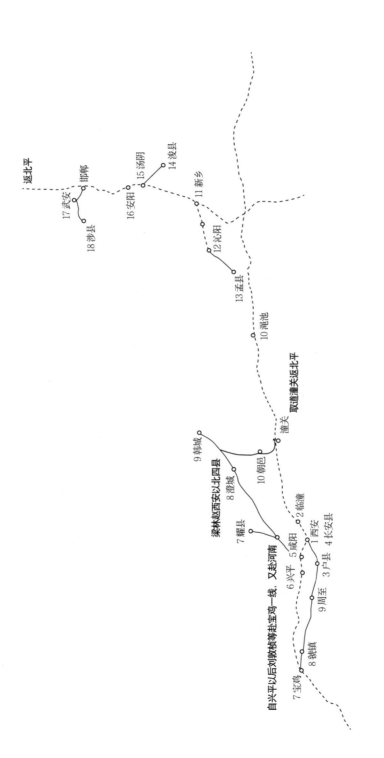

1937年刘敦桢、梁思成等赴陕西、河南调查路线图

返北平

17 武安　邯郸
18 涉县

16 安阳　15 汤阴
14 浚县

11 新乡
12 沁阳
13 孟县

10 渑池

取道潼关返北平

梁林赴西安以北四县
9 韩城
8 澄城　10 朝邑
7 耀县　潼关
5 咸阳　2 临潼
6 兴平　1 西安
3 户县　4 长安县
9 周至

自兴平以后刘敦桢等赴宝鸡，又赴河南
7 宝鸡
8 虢镇

因还出长安，到耀县调查了药王庙。他们原计划继续西行至兰州敦煌。但因国民党当局在陕甘一带处处设卡，必须有军事部门的通行证，否则不能通行，致使此行未果，成为梁思成终身遗憾。

他们这次豫、陕之行遍及十九个县，调查建筑及遗址约一百八十处。①

地点	古建筑
西安	旧布政司署府大门（元代）、钟楼（明建清代重修）、华觉巷清真寺（建于明，清代大部分重修）、大学习巷清真寺（明永乐十一年建，1413）卧龙寺、花塔寺（唐）、大雁塔（唐）、小雁塔（唐）、碑林
长安	香积寺塔（唐）、兴教寺玄奘塔（唐）
临潼	秦始皇陵、华清池、灵泉观
户县	草堂寺、灵感寺
咸阳	周文王陵、周武王陵、顺陵（唐）
宝鸡	东关东岳庙（明成化四年，1468）、金台观、锡福宫、城隍庙
虢镇	万寿寺（明）
渑池	文庙、鸿庆寺石窟、节孝坊
浚县	天宁寺、吕祖祠、碧霞宫、千佛寺
沁阳	高台寺遗址、玉清宫遗址、开化寺大殿（元）、魏夫人祠（清）
孟县	河阳书院、文庙、山西会馆、郝文忠墓、石坊、药师村大明院、石幢（唐）、慈胜寺大殿（明中叶）
汤阴	文庙、岳王庙
安阳	再次调查天宁寺、铁观音寺
宝山	龙岩寺（明）、水冶镇石城明代石建城墙、灵岩寺（清）
耀县	药王山药王庙
武安	妙觉寺塔、文庙、节孝坊、常乐寺、灵泉寺、水浴寺
涉县	兴隆寺大殿（元—明）、昭福寺、寿圣寺幢（元）

---

① 详见《河南、陕西两省古建筑调查日记》，《刘敦桢文集·三》。

1936年梁思成、莫宗江考察咸阳顺陵   1937年赵正之、麦俨曾考察武安灵泉寺

第四次赴山西调查五台山佛光寺及榆次永寿寺雨花宫（1937年）

1932年至1937年，学社已调查了大量的古建筑，但是最古的建筑竟仍是梁思成首次调查的蓟县独乐寺。日本人曾断言：中国已不复存在唐代的木构建筑，如果要看唐代的木建筑只有到日本去。但梁思成始终抱着中国尚存唐代木建筑的希望。

五台山是千余年来佛教中文殊菩萨道场，这里寺刹林立，香火极盛。主要的寺庙都集中在台怀。而佛光寺地处台外，交通不便，所以祈福进香的人很少到台外去。由于香火冷落，寺僧贫苦，所以修装困难，就比较有利于古建筑的保存。

1937年6月，梁思成、林徽因刚从西安返回北平，立刻与莫宗江、纪玉堂一起奔赴五台山寻找佛光寺去。雨花宫是他们前往太原途中经过榆次时，林徽因在车厢内透过车窗无意中看到的。他们以历年的实地考察经验断定，这座庙宇有不可估量的价值。

　　到达太原后，他们在等待省政府办理旅行手续期间，前后两天相继到榆次去做了勘察。这座规模不算小的永寿寺，现在只留下雨花宫一个小殿堂了。他们做了必要的测绘，拍摄了照片，准备在回程时，再详细考察。后因战争，原计划未能实施，1949年后，雨花宫又因修筑铁路而被拆除。

　　雨花宫的结构，最成功也是最大的特点就是省略掉不必要的构材。这从斗拱使用极度的"偷心制"和补间铺作，用最简略的做法上可以看出。同时在处理各构材时，尽可能地与相邻构件取得相辅的功用。由此表现出各构材之间的递相承转和互相协应，产生出纯结构的美，却并没有特加任何装饰。

　　雨花宫建于宋大中祥符元年（1008），早于雨花宫的木建筑，只有五台山南禅寺大殿（782）、佛光寺大殿（857）、敦煌120窟前木廊（976）、敦煌130窟前木廊（980）、独乐寺观音阁及山门（984）等五处。直到现在，雨花宫在已知的遗例中，仍是一个结构简洁的重要例证，也是唐、宋间木构建筑过渡形式的重要实例。[1]

　　雨花宫的测绘结束后，他们从太原前往五台山，不入台怀而是北行趋南台外围，骑驮骡进山。在陡峻的山路上迂回着走，沿倚着崖边，崎岖危险。有时连毛驴都不肯前进了，他们只好下驴，卸下装备，拉着毛驴前进。如此走了两天，第二天的黄昏时分才到豆村。进入佛光寺内瞻仰大殿，咨嗟惊喜。他们一向所怀着的国内殿宇必有唐构的信念，在此得到了实证。

　　佛光寺大殿魁伟整

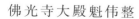
1937年梁思成一行前往五台山去寻找佛光寺

---

　　[1]　详见莫宗江：《山西榆次永寿寺雨华宫》，《中国营造学社汇刊》七卷二期。

五台山佛光寺大殿仰望

五台山佛光寺大殿

饬，从建筑形制特点看，
深远的出檐、硕大的斗拱、
柱头的卷刹、门窗的形式
处处可以证明是唐代建筑。
为取得确凿的证据，他们
爬到"平闇"①上面，因为
通常殿宇建造年代多写在
脊檩上。但殿顶上黑暗无
光，他们用手电探视，看

佛光寺硕大的斗拱

见檩条被千百成群的蝙蝠盘踞，聚挤在上面，无法驱除。脊檩上有无题字，仍
无法知道。他们忽然看见梁架上都有古法的"叉手"的做法，这是从未见过的
实物，是国内的孤例。这使他们惊喜得如获至宝。照相的时候，蝙蝠见光惊飞，

1937年梁思成测绘五台山
唐代佛光寺大殿

1937年所摄五台山佛光
寺后山唐墓塔（左起村童、
莫宗江、林徽因）

---

① 相当于现代的"吊顶"。

林徽因在佛光寺测绘经幢

秽气难耐，而木材中又有千千万万的臭虫，工作至苦。他们早晚攀登工作，或爬入顶内与蝙蝠、臭虫为伍，或爬到殿中构架上，俯仰细量，探索唯恐不周。他们估计再次入山的机会恐怕是不可能有了。

工作了几天以后，才看见大殿梁下隐约有墨迹。因殿内光线不足，字迹又被一层土朱所掩盖，审视了许久，只隐约认出官职一二，独林徽因见"女弟子宁公遇"的名字。他们又详细检查阶前经幢上的姓名，果然，幢上除官职外也有女弟子宁公遇，称为"佛殿主"。为求得题字的全文，即请寺僧入村募工搭架，想将梁下的土朱洗去，以穷究竟。不料村僻人稀，和尚去了一整天，仅得老农二人。于是纪玉堂忙着领老农搭架，筹划了一天，才支起一架。梁思成问及原因，纪玉堂笑笑说："可也没闲着。"原因是老农对这种工作完全没有经验。他们忙着将布单撕开浸水互相传递上去。土朱着了水，墨迹就显出来，但是水干之后，又隐约不可见了。费了三天时间，他们才读完四条梁下的题字全文。这才知道大殿建于唐大中十一年（857），梁下题字是列举建殿时当地长官和施主的姓名。宁公遇是出资建殿的施主，而受她好处的功德主是两位宦官，即梁下写的"功德主故右军中尉王"和"功德主河东监军使元"二人。

确证了佛光寺大殿的年代后，他们高兴极了。这是他们自开始野外调查以

林徽因在佛光寺宁公遇塑像前

林徽因在佛光寺大殿观察唐代佛像

来最高兴的一天。那天夕阳西下，映得佛光寺殿前及整个庭院一片红光，他们将带去的全部应急食品——沙丁鱼、饼干、牛奶、罐头等统统打开，大大庆祝了一番。

佛光寺大殿内尚存唐代塑像三十余尊、唐壁画一小横幅、宋壁画几幅。寺内还有唐石刻经幢二座、唐砖墓塔二座、魏或齐的砖塔一座、宋中叶的大殿（文殊殿）一座。①

工作完毕他们前往台怀，调查了台怀的诸寺，又到繁峙、代县调查了两天。这时，才听到了卢沟桥抗战的消息，战争爆发已经五天了。

① 详见《五台山佛光寺的建筑》，《梁思成文集·二》。

他们此行共四个县调查建筑物约五十六处。主要古建筑有：

地点	古建筑
榆次	永寿寺雨花宫
五台豆村	佛光寺
五台台怀	显通寺、塔院寺、镇海寺、菩萨顶、南山寺、清凉寺、文庙、天地阁、店面
繁峙	正觉寺
代县	谯楼、圆果寺、城门、杨延兴墓、店面

对故宫建筑的测绘 （1934—1937 年）

1934 年，中央研究院拨款五千元给学社，要求学社将故宫全部建筑都测绘出来，出一本专书。这项工作由梁思成负责，邵力工协助。所有殿堂及各门由梁思成、邵力工、麦俨曾、纪玉堂测绘，次要建筑如小朝房、小库房等由邵力工负责。

自 1934 年至 1937 年，他们测绘了天安门、端门、午门、太和门、太和殿、中和殿、保和殿、后右门、后右门北朝房、西北角库、保和殿西库房、中右门、中右门北朝房、西朝房、右翼门、弘义阁、弘义阁西库房、西南角库、贞度门、贞度门西朝房、东朝房、熙和门、熙和门南朝房、北朝房、协和门、协和门南朝房、北朝房、昭德门、昭德门东朝房、西朝房、东南角库、体仁阁、左翼门、中左门、保和殿东库房、东北角库、后左门、文华门、文化殿、集义殿、文渊阁、传心殿、红木库、实录库、西华门、武英门、武英殿、焕章殿、凝道殿、浴德堂、咸安门、南薰殿、灯笼库、东华门、东西南北四角楼共计六十余处。

除故宫外，还测绘了安定门、阜成门、东直门、宣武门、崇文门、新华门、天宁寺、恭王府等处。可惜，因战争爆发，故宫没有测完，已测绘的图稿也没有全部整理绘制出来。

1936 年 5 月，林徽因率刘致平、麦俨曾等测绘北海静心斋。

20 世纪 30 年代，我们的国家和民族还处于多难、贫穷、落后的年代。野外调查的条件相当艰苦，乘坐的是木轮的马车，或骑驴、骑马，或步行。能住宿在学校、庙宇中已是较好的去处，许多时候只能在大车店与蝇蚊壁虱为伍。在刘敦桢先生的调查笔记中，我们看到这样一些片段：

邵力工在故宫西库房测绘

5 月 25 日

下午五时暴雨骤至，所乘之马颠蹶频仍，乃下马步行，不五分钟，身无寸缕之干。如是约行三里，得小庙暂避。

6 月 26 日

久雨之后，泥深尺许，曳车之骡，前进为艰，乃下车步行。

6 月 28 日

行三公里骤雨至，避山旁小庙中，六时雨止，沟道中洪流澎湃，不克前进，乃下山宿大社村周氏宗祠内。终日奔波，仅得馒头三枚（人各一），晚间又为臭虫蚊虫所攻，不能安枕尤为痛苦。

6 月 29 日

一路岗陵起伏，迂回曲折。中途遇大风雨，桥飘摇欲坠者再，衣履尽湿，狼狈万分。

到了 1937 年，除了以上困难外，还要办护照及通行证、介绍信，处处受到盘查询问。刘敦桢就曾因为遗失了护照与通行证，被视为形迹可疑分子，在宝鸡至虢镇途中遭到两天拘留。到西安时，从下车到城门内，还须经军警三次查询，搬运工人也须更换三次。出西安城外调查，警察厅要派巡官"导游"，实为监视他们的行动。

另一方面，由于经常跑到最偏僻的山村，接触最基层的劳苦大众，他们对旧政府的腐败、帝国主义的侵略，有了更深切的体会。如1937年，刘敦桢等到达登封时，正值登封闹灾，他们亲眼看到农民以树皮、观音粉充饥，致腹胀如鼓，奄奄一息，惨痛万状。梁思成和莫宗江等到雁北调查时，也是亲眼看到一家人只有一条裤子的惨状。十七八岁的大姑娘，只能畏缩在炕头。这些都触动着他们，使他们在做着古建筑调查的同时，也深刻地认识着当时的中国社会状况。

1932年至1937年，学社调查过的县市有一百三十七个，经调查的古建殿堂房舍有一千八百二十三座，详细测绘的建筑有二百零六组，完成测绘图稿一千八百九十八张。

推动文物建筑的保护工作

学社除了对古建筑的调查研究外，还努力推动文物建筑的保护工作。

努力宣传古建保护的意义，并介绍外国古建保护的经验，如邀请关野贞做"日本古建筑物之保护"的报告，并将报告全文译出刊登于学社汇刊。梁思成在每一次调研之后都向当地有关部门提出书面的保护措施及长远之保护计划。积极参加文物建筑的维修工作。

一、几年来学社做过的维修计划

1931年，维修故宫南面角楼，由美籍华人福开森君劝募美国柯洛齐将军及夫人，捐助修缮费之半数。其余由朱启钤先生在国内发起捐款，并联合故宫博物院、历史博物馆、古物陈列所及有关人员组成修理城楼委员会。工程完毕后，由学社委派专家依法验收。在验收过程中，学社提出了修复文物建筑的意见，并将此意见转呈内政部。

1932 年，在北平市政府主持下，与各文化机关共同组成圆明园遗址保管委员会，共同议决保管章程十四条，交工务局执行。

1932 年，梁思成、刘敦桢、蔡方荫受故宫博物院委托，拟定文渊阁楼面修理计划，并按计划进行修葺。

1932 年，梁思成为内城仅存之东南角楼拟定修葺计划。

1932 年，梁思成为故宫博物院南薰殿拟定维修计划。

1933 年，北平市工务局修理鼓楼平座及上层西南角梁，邀学社协助设计，由刘敦桢、邵力工前往查勘并绘简图说明书，送工务局。

1934 年，为故宫博物馆拟修理景山万春、辑芳、周赏、观妙、富览五亭计划。由邵力工、麦俨曾勘察实物，绘制图表，梁思成、刘敦桢二人拟就修葺计划大纲。①

1934 年 1 月，北平市文物管理实施事务处函聘学社为该处技术顾问。

1934 年，梁思成应中央古物保管委员会之邀，为蓟县独乐寺及应县佛宫寺木塔拟就修葺计划。

1936 年，梁思成为中央古物保管委员会拟定赵县大石桥修葺计划，并赴赵县复勘桥基结构。

1936 年，学社应蒙藏委员会邀请，参加北平护国寺修理工程。

学社为保护正定隆兴寺佛香阁宋塑壁，于 1936 年向中英庚款董事会申请专款修葺，1937 年 3 月，经该会拨款四千元，由刘致平偕同工匠一名再度复勘，并设计保护方案。

1937 年 6 月，由中央古物保管委员会与中央研究院负责修理河南登封告城测景台，并由刘敦桢拟就计划。

二、为各学校机构制作中国古建筑模型

1932 年 3 月，为中央大学建筑系代制模型四种，彩画、图案一百余幅，供

---

①　于 1935 年 12 月竣工。

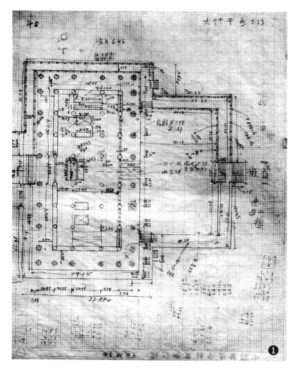

测稿1　曲阜孔庙大成殿平面（莫宗江绘）

测稿2　曲阜孔庙大成殿横断面（莫宗江绘）

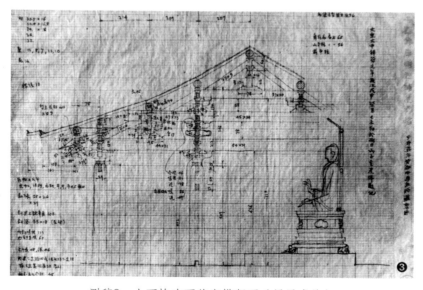

测稿3　山西榆次雨花宫横断面（梁思成绘）

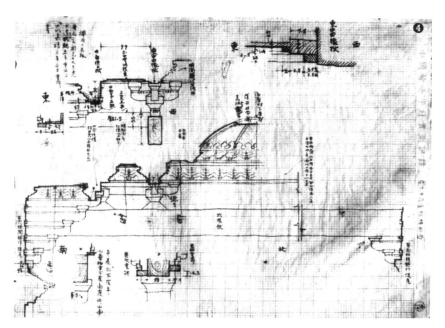

测稿4　开元寺毗卢殿藻井横断面（陈明达绘）

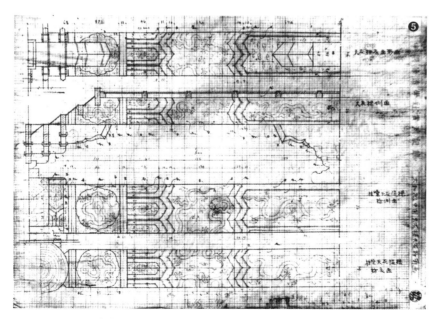

测稿5　故宫太和殿天花梁枋彩画（梁思成绘）

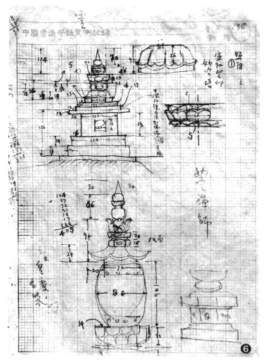 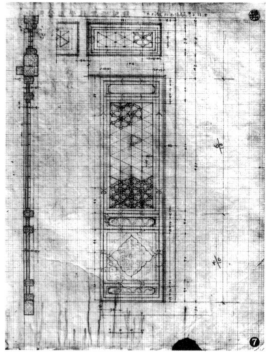

测稿6　灵岩寺妙空禅师墓塔（未详）　　测稿7　故宫太和殿隔扇及窗子详细（梁思成绘）

教学使用。

1932 年 6 月，为交通大学唐山工程学院代制古建筑模型五种，供教学用。

1934 年 6 月，为国立北洋工学院制作中国建筑模型，供教学用。

1934 年，为上海华盖建筑事务所代制清代之"宫式""苏式"梁枋、天花等彩画三十余幅，供设计参考。

1934 年，为丹麦加尔琪堡研究院制中国建筑模型多种。

1934 年，为天津中国工程公司代制清式建筑模型，计七檩重檐庑殿一座、八角亭一座。

1934 年，为普及营造知识，特制作蓟县独乐寺观音阁模型及辽金典型斗拱模型。

三、为普及中国传统建筑的知识积极举办各种展览

1936年2月，在北平万国美术会陈列室举行中国建筑展览会，陈列自汉以来历代建筑图片二百幅。

1936年4月，在上海市博物馆举行中国建筑展览会，展出历代建筑图片三百余幅，以及观音阁模型、历代斗拱模型十余座，古建实测图六十余张，并由梁思成出席讲演，题为《我国历代木建筑之变迁》。

昆明古建筑的调查（1938年）

全面抗战爆发后，北平不久就沦陷了。梁思成、刘敦桢在北平高校教授坚决要求政府抗日的呼吁书上签过名，因此决定立即离开北平。学社发给每人三个月薪金，暂时解散。但过去几年来调查研究所积累的大量资料，如测稿、测绘图、古建筑照片底片、调研报告等大量的资料如何处理？他们最担心的是这批资料落入日本人之手，因此，决定将其存入天津英资麦加利银行的保险库中，并规定必须有朱启钤、梁思成、刘敦桢三人的联合签名才能提取。

梁、刘两家结伴而行，同时离开北平，经青岛、济南、徐州、郑州、武汉到达长沙。刘敦桢带领全家回到新宁老家去探亲。不久，长沙又遭敌机轰

梁思成在西南考察途中

炸，清华、北大、南开三校决定组成西南联合大学，迁往昆明。梁思成也带着一家人赴昆明。刘致平亦从长沙到达昆明，不久陈明达、莫宗江也相继到来。学社原有对全国古建筑进行普查的计划，因华北、中原地区的工作一直没有结束，所以顾及不到其他地区。现在既然大家都来到昆明，正可以继续开展工作。于是梁思成致函中英庚款董事会：如果他们在西南开展工作，是否能继续使用原已批准的庚款。董事会答复：只要梁思成、刘敦桢在一起，就承认营造学社，仍给予补助。梁思成即去信问刘是否愿来昆明，刘也就欣然携妻儿全家来到昆明。

1938年中国营造学社在昆明龙头村兴国庵的工作室

兴国庵旧照

1938年，中国营造学社西南分队就这样成立了，地址在昆明巡津街"止园"昆明市市长府的前院，工作人员有梁思成、刘敦桢、刘致平、莫宗江、陈明达五人。

但是不久，梁思成的颈椎软组织硬化症严重地发作了，致使他昼夜都只能坐在躺椅上，不能平卧。调查工作暂由刘敦桢负责。

10月至11月，刘敦桢率刘致平、莫宗江、陈明达，对昆明市及其近郊区古建筑进行了调查。昆明最古的木构建筑为真庆观，建于明宣德六年（1431）。昆明因地处边远，所以很多明清的建筑仍保存着唐宋时代的手法，这是很有趣的。难怪日本古建筑专家伊东忠太千里迢迢，从贵州入滇，竟把昆明常乐寺塔（东寺塔）误认为是唐代建筑。其实，东寺塔毁于清道光十六年（1836），现存之塔乃是光绪九年（1883）重建的。昆明最古的建筑是慧光寺塔（西寺塔），建于唐代，因史书记载诸说不一，故虽知唐建而不得其准确年代。

这期间，学社还发生了一次危机，即莫宗江和陈明达被编入壮丁训练团并入团受训。为此，梁思成带病找到昆明市长并省长，最后终于把他们二人放了出来。

在昆明经他们调查的古建筑有：圆通寺（清重建）、土主庙（清）、建水会馆、东寺塔（近代）、西寺塔（唐）、真庆观大殿（明）、三元宫、都雷府（清）、旧城隍庙、文庙、大德寺双塔（明成化九年，1473）、筇竹寺、海源寺、大悲观、妙湛寺金刚宝座塔（明天顺二年，1458）、妙湛寺砖塔、喇嘛式墓塔、武成庙、妙应兰若塔（元成宗元贞元年，1295）、滇南首郡坊、旧总督府大堂、金牛寺、松华坝、鸣凤山金殿五十余处。

四川彭县王家坨崖墓

四川巴县缙云寺石坊

云南西北部的调查（1938 年）

1938 年 11 月，刘敦桢率莫宗江、陈明达二人赴安宁、楚雄、镇南、下关、大理一线进行古建考查。

大理景物雄丽，点苍山白雪皑皑，洱海澄清如镜，翠流若黛。唐以来，六诏大理诸国雄踞其间。因此，大理境内古建筑比其他县市要多。现在最古的建筑要数崇圣寺三塔。崇圣寺为大理巨刹，寺毁于咸丰六年（1856）回民之役。现仅存三塔。其中，千寻塔为唐贞观年间（南诏国后期）建。塔平面方形，塔身挺拔，是现存唐代最高的砖塔之一。它和位于稍后的左右两座宋朝（大理国）的小塔组合成一组。它们的位置在大殿前，以寺轴线为中心，尚存北魏以来寺庙布局的手法。这一组塔在点苍山的衬托下，显得格外秀丽。

丽江县居民以纳西人为主，体格较汉人高大，长脸，高鼻，深眼，举止活泼。男子服装多已汉化，妇女服装与汉人迥然不同。丽江的建筑已完全汉化，但保存古法较多，在细部处理上表现手法灵活，富于变化。皈依堂是丽江现存最古的建筑，建于明代。它的结构手法与中原地区略有不同。其大殿正面、左右次间，各装镂空佛像版一张，雕刻精美。云南民居，如滇中及昆明附近的"一颗印"住宅，也有其特色。丽江民居可称全省之冠，最为美观，又极富变化。

总的来说，云南地区因历年民族纠纷、宗教纠纷，特别是咸丰六年（1856）杜文秀回民之役，佛教寺院几乎全遭毁灭。因此，著名的巨刹很少保存完好，也自然影响了古建筑的保存。因云南地处边远，古建筑在构造做法上往往仍沿用宋、元的做法，可供研究参考。

他们此行遍及九个县，调查建筑物约一百四十处，其中实测的有：崇圣寺塔、浮图寺塔、白王坟、皈依堂、大定国寺、华严寺、悉檀寺、文昌宫、德丰寺、曹溪寺等十处及若干民居。在他们调查过的地区，元代建筑仅有两座，其他均为明、清建筑。

云南西北部调查（1938.11—1939.1）

地点	古建筑
大理	崇圣寺三塔（唐宋）、浮图寺塔（唐）、白王坟、西云书院、元世祖纪功碑圣源寺（清末）、观音堂（明）、中央皇帝庙、元代雕像
丽江	玉皇阁、忠义坊、明代墓多处、宝积宫（明）、皈依堂（明）、北岳庙（清）、玉峰寺（清）、大定国寺、民居
鹤庆	旧文庙（明）、杨公祠（清）、城隍庙（清）
宾川	鸡足山金顶寺铜殿（明）、金禅寺（清）、传灯寺（清初）、华严寺（清初）、悉檀寺（明）、石钟寺（清中）、万松庵（清中）、寂光寺（清中）
凤仪	凤鸣书院、雨华寺、东岳庙、文庙、城隍庙、武安王庙，皆清末所建
镇南	文昌宫（元）
姚安	旧文庙（明）、德丰寺（明永乐二年）、至德寺（明末）
楚雄	文庙（明成化五年建）、龙江祠
安宁	曹溪寺（元）、昊天阁、雷神殿（明天顺年间建）

　　在云南的调查，除了少数地区可乘长途汽车外，其他都要依靠滑竿或步行。云南的山区不若中原地区人口稠密，往往走了三五十里都不见人烟。他们从鹤庆到宾川，走十几里路即登山道，山风萧飒，奇冷异常。登瓜拉岭时，积雪成冰，步履维艰。到达鸡足山下仰望山顶，悬崖峭壁，可谓险绝。但是，一旦登上鸡足山顶，"则巍然秀耸，形势绝佳"，"俯瞰群山若隐若现"，远望苍山和洱海，更是令人心旷神怡。有的地区，盗匪出没，当地政府往往派保安人员护送，行至危险地段，都是刀出鞘，枪上膛，不许说话，紧张恐怖到了极点。

　　在昆明工作不久，他们就发现一个严重的问题：图书资料严重缺乏。在北平时，学社有大量的工具书，而且北平图书馆为他们提供了极大的方便。到了昆明，他们没有任何可供查阅的图书资料，无从开展研究工作。于是，他们只能和中央研究院的历史语言研究所协商，借用他们的图书设备。从此，学社与史语所成了依附关系。当时，史语所为躲避敌机轰炸，疏散到昆明郊区的龙泉镇龙头村，学社为了阅读资料的方便，便只好也迁到龙头村，租用了一处尼姑

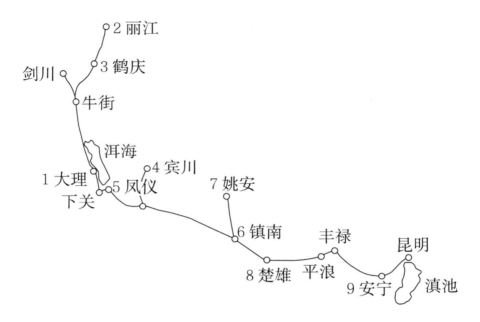

2丽江

3鹤庆

剑川

牛街

洱海

4宾川

7姚安

1大理 5凤仪

下关

6镇南

丰禄

昆明

8楚雄 平浪 9安宁 滇池

1938—1939年刘敦桢等在云南西北部调查路线图

庵作工作室；住房则仿照当地的农村住房，盖了几间夯土墙的简易房屋，这是梁思成第一次为自己盖的住宅。虽然是小小的，却也十分实用。

在昆明期间，莫宗江突患腹痛。被送至惠滇医院（昆明最大的医院）就诊。医生诊断是轻度盲肠炎，当时的情况可以不必切除，但考虑到经常要外出调研，如果恰巧在乡村小镇，急性发作，则要送命。因此，梁思成请了昆明最有名的外科专家范秉哲大夫亲自为莫动手术。20世纪30年代，盲肠切除算是一个大手术，医药费也很可观，这笔费用也由梁思成代付。所以莫常说："梁先生不仅是我的严师，也是兄长。"

四川古建筑调查（1939 年）

1939年9月梁、刘等人开始了他们计划已久的川康地区的调查。当他们准备于8月27日出发时，梁思成不幸于26日左足中指擦破，感染炎症。为慎重起见，他暂缓出发，俟伤口痊愈后再乘飞机至重庆与刘等会合。

9月9日，梁思成飞抵重庆。他们开始调查重庆巴县及北碚的古建筑。同时联系去成都的汽车。当时车辆较少，需要等候。1939年，正是敌机对我国后方进行狂轰滥炸之时。那期间，他们往往因警报疏散出城，半夜始归；或半夜发出警报，逃出城外，次日始回。

9月26日，出发赴成都，但到达两路口车站时，车已爆满，他们只好等乘货车。货车仅有油布一层为篷，三十多人挤在箱笼间动弹不得，偏偏又下了大雨。不一会儿他们全身就湿透了。路经简阳时，路局的职工三人要搭车，因车已满，他们便爬至货箱顶上。当时的公路很不平坦，颠簸摇晃得很厉害，其中一人不慎被摔下，后脑凹入，流血不止，虽送往医院，已无生还的希望。

抵成都后，他们立刻与省政府联系申报调查地点，在警报的空隙中，办完手续。这样，从昆明出发到真正开始调查工作已过去一个月了。

完成了成都的调查，10月6日出发到灌县，抗战时期汽油属军用品，当时民用汽车均改装成以木炭为燃料。车速减慢，且发出一种焦油的臭味。灌县的道教建筑很多，他们调查测绘了二郎庙、常道观、都江堰、竹索桥。此竹索桥即安澜桥，是我国索桥中最长的。

从灌县返回成都，一个不幸的消息正在等待他们。林徽因来电报说麦加利银行经理来信，告以天津大水，学社存在麦行的资料全遭水泡，必须尽快提取。梁、刘当即出具证明寄麦加利银行经理及朱桂老，可凭桂老一人手中钥匙提取存件。同时，向中央庚款董事会申请五千元作为整理资料的费用。当时，他们还不知道资料被毁得那么严重。

10月18日，梁、刘一行赴雅安及卢山。成都至雅安的公路比成渝路更糟，不但颠簸，且尘土飞扬，前方若有行车则连路都看不清。

雅安和卢山地瘠民贫，他们乘滑竿所到各处，在壁上还看到当年红军留下的标语，虽已经涂抹，仍隐约可见。

10月25日，从雅安乘竹筏，沿着青衣江东下夹江。即便是边远的地区，敌机也未放过，他们时时听到县城里发出的警报声。考察了夹江的千佛崖后，又顺流而下到乐山。

他们在乐山兵分两路，梁思成偕陈明达赴峨眉，刘敦桢偕莫宗江渡岷江北上访崖墓及龙泓寺。

11月7日，刘敦桢、莫宗江自乐山返回成都。原计划梁、陈二人也于7日返蓉，一同北上；但直到10日，梁、陈二人也未抵蓉，而且音讯杳然。刘敦桢坐立不安，几次赴车站打听均无结果，直到11日，梁、陈始归。原来，峨眉、成都间车辆极少，再加上又毁了几辆，因而交通中断。梁、陈二人只好乘人力车分段更换，行两日半始到成都。

11月16日，梁、刘一行自成都乘人力车赴新都，沿川陕公路北上。他们走一段路，坐一段滑竿，有时能碰上较空的军用汽车载他们一程。就这样，他们调查了广汉、德阳、绵阳、梓潼、剑阁、昭化、广元。从广元回到昭化，顺嘉陵江南下至阆中、南部、蓬安、渠县、南充、蓬溪、遂宁、大足、合川后返回重庆，由重庆回昆明。

1939年9月至1940年2月，他们行期近半年，往返于岷江沿岸、川陕公路沿线、嘉陵江沿岸，跑了大半个四川。

四川省的木构建筑几乎全毁于"张献忠之乱"，现存的木构建筑多建于1649年以后，早于此的可谓凤毛麟角。成都的清真寺有多处，以鼓楼南街清真寺为最巨，寺内虽有洪武八年（1375）的匾额，但从结构形制及各细部做法判断，该寺是清初重建的。

蓬溪县鹫峰寺大雄宝殿建于明正统八年（1443），殿的整体比例相当精美，可称川省稀有的佳作。它的屋顶前后坡于垂脊下端处有阶级一层，有如汉阙所示，这是此殿的一大特点。再有梓潼的七曲山文昌宫天尊殿，也是四川较古的木建筑，建于明中叶。至于砖石建筑中，还存有宋代的砖塔，其特点是平面多为方形，保留了唐代砖塔的形制，如宜宾旧州坝白塔等。

四川境内保存了大量的汉阙，约占全国汉阙总数的四分之三。崖墓的数量也很可观，在他们所到的岷江两岸、嘉陵江两岸时而散布，时而集中，随处可见。最多的要数摩崖石刻，几乎没有一个县是没有石刻的。因此，他们这次调查的重点是汉阙、崖墓、摩崖石刻。

汉阙见于雅安、梓潼、绵阳、渠县等处，尤其以梓潼、渠县数量最多。除去有铭文的以外，还有无数的无名阙。保存较完好的有雅安高颐阙（汉，准确年代不详）、绵阳平阳府君阙（汉末）、渠县冯焕阙（122—125）。高颐、平阳两阙均为子母阙，也是四川阙中仅有的附子阙者。冯焕阙为单阙，也是川境中最常见的一种。在梁、刘以前研究汉阙的学者，多从美术观点着眼，或者从考古的角度去研究铭文。梁、刘则从建筑的观点着眼。

高颐阙与平阳阙就形制看十分接近。都是下部有台基，台基上以条石数层累砌，阙身表面隐起地栿枋柱。阙身以上施石五层，仿木建筑之出檐。上刻栌斗、角神、枋、蜀柱及拱。第四层上隐起人物禽兽，第五层刻檐下枋头。阙身上有四注顶，上面檐椽瓦垅仍保存一部分。他们还注意到阙上的柱枋斗拱皆有一定

1939年梁思成（右）等测绘西康雅安高颐阙

1939年梁思成测绘四川绵阳平阳府君阙

比例，斗拱的各部件均随枋的大小变动，说明枋与其他构件间有连带关系。可能这即是宋代"材"的前身。檐角的角神，也是我国建筑中最早出现的角神实物。在平阳府君阙上，还有梁代大通、大宝年间加镌的造像；虽然梁代造像损毁了阙的一部分，却是四川省最古的佛教艺术，十分珍贵。

冯焕阙在形制上与高颐、平阳二阙大体相同，唯阙的全体形制简洁秀拔，梁思成称它"曼约寡俦，为汉阙中唯一逸品"。

川省崖墓多位于彭山、乐山、宜宾、绵阳等处，但其他地区也时有发现。崖多为汉代所凿，可能这是当时川省的殡葬形式，否则不可能有这样大量的崖墓出现。以彭山王家坨、乐山白崖崖墓规模为最巨，沿河流两岸开凿，延绵二里多。中央研究院曾于1942年至1943年在彭山大规模地发掘研究。陈明达曾代表营造学社参加发掘工作。崖墓小的仅容一棺，大的堂奥相连，壁上有雕饰。

乐山白崖、宜宾黄伞溪诸大墓，多凿祭堂于前，自堂内开二墓道入，墓室辟于墓道之侧。祭堂内，壁面浮雕枋柱、檐瓦、禽兽等；祭堂门外壁上亦雕有阙、石兽等。

彭山江口附近崖墓则无祭堂，墓道外端为门，门上多刻两重檐叠出，下刻兽及斗拱。在墓门上或墓室内的栌斗或散斗下，皆施皿板。这种做法见于云冈石窟、朝鲜双楹冢、日本法隆寺，可见这一做法起源于我国汉代。

1939年梁思成与陈明达（右）测绘四川渠县赵氏祠北无名阙

川省摩崖造像，可谓全国之冠。沿岷江、嘉陵江流域两岸及旧官道的崖壁，比比皆是。保存完好的有：夹江千佛崖、广元千佛崖、绵阳西山观摩崖造像、大足北崖摩崖造像、乐山龙泓寺摩崖造像、乐山大佛等。

夹江千佛崖在夹江县西北五里，青衣江北岸沿旧官道上下，凿像大小百余窟。东西长约三百米。成像年代有初唐、盛唐，以五代北宋为最多。

广元千佛崖位于嘉陵江东岸，大小四百余龛延绵里许。莲宫绀髻，辉耀岩扉，至为壮观。可惜，在筑川陕公路时，低处之龛铲削多处，令人痛心。广元千佛崖多凿于唐代，与龙门造像类似。离千佛崖不远，又有皇泽寺摩崖造像二十余龛，其中有一塔洞为初唐所凿。

绵阳西山观摩崖造像位于县西凤凰山，有摩崖造像八十余龛，多为道教题

1939年梁思成与莫宗江（右）考察四川广元千佛崖

1939年梁思成考察四川广元皇泽寺

材。其中隋大业六年（610）龛为国内道教造像最古者。

大足北崖摩崖造像位于北崖山西侧，凿龛窟百余，长里许，俗称佛湾。最早的龛凿于唐乾宁三年（896）。佛湾南北南端大都成于唐末五代（907），中部多为宋代造像。其题材内容有观音变相、孔雀明王、千手观音、被帽地藏、幡杆、挟轼、车、椅等，内容极为丰富。离北崖不远处有宝鼎寺摩崖造像，中央一巨龛就山崖地形凿佛涅槃像（宋），真容伟巨，为国内首选。

乐山龙泓寺摩崖造像在龙泓寺外山崖上，有大小佛龛数十处。仅观音变相窟为唐末作品，观音的背部配列表示西方极乐世界的殿宇楼阁。中央二层，左右各三层，中央二层屋顶山面向外，左、中、右三处楼阁间以阁道联系，阁道皆弯形。如《营造法式》所载的圆桥子，建筑的各细部形制比例逼真。这组雕像虽然规模不大，但内容丰富，可谓川省崖刻之精品，亦是研究唐代建筑的宝贵资料。

乐山大佛位于凌云寺前崖壁，沿岸还有摩崖造像多处，均已风化。唯大佛较完整，像高约二百尺，为海内最巨大的一尊。像始创于唐开元初年（713），由海通大师主持，但像凿至膝部海通圆寂，辍工。贞元五年（789）剑南节度使韦皋命工续营，至贞元十九年（803）竣工。唐时饰以金碧，履以层楼，称大像阁。明末毁于袁韬之乱。1925年，杨森部队炮轰佛像的面部，后虽墁补，但神态迥异，亦为我国佛教艺术之一重大损失。

雕艺风格类似乐山大佛，但规模较小的还有两处：一为潼南大佛寺摩崖造像，创于唐咸通年间至南宋绍兴二十一年（1151）竣工。像高二十米，履阁七层。另一处在南部，像高五丈、阁五层，明代造。

从1939年9月出发，到1940年2月返回昆明，历半年之久的川康考察，计约跑了三十五个县，调查古建、崖墓、摩崖、石刻、汉阙等七百三十余处。[①]重要的详见下表。

川藏考察（1939.9—1940.2）

地点	古建筑
巴县	崇胜寺石灯台、摩崖造像、缙云寺残石像
重庆	五福宫、长安寺、老君洞
乐山	凌云寺白塔、摩崖造像、白崖山崖墓、龙泓寺摩崖造像
峨眉	飞来寺飞来殿、圣积寺铜塔、城隍庙门神
夹江	店面、杨公阙、千佛崖摩崖造像
眉山	蟆颐观大门
彭山	王家坨崖墓及出土瓦棺、寨子山崖墓、江口镇后山崖墓、仙女山摩崖造像、象耳山摩崖造像
新津	观音寺、大雄宝殿、观音殿

① 详见刘敦桢：《川康古建筑调查日记》《西南古建筑调查概况》，《刘敦桢文集·三》。梁思成：《西南古建筑调查报告》未刊稿，存清华大学建筑学院档案室。

地点	古建筑
成都	明蜀王府故基、鼓楼南街清真寺大殿文殊院、民居大门、民众教育馆、梁代造像
郫县	土地庙
灌县	二郎庙、珠浦桥
新都	寂光寺大殿、宝光寺无垢塔及经幢、正因寺梁代千佛碑
广汉	龙居寺中殿、金轮寺碑亭及大殿、龙兴寺罗汉堂、广东会馆、乡间民居、张氏亭园、文庙棂星门、石牌坊、开元寺铁鼎
德阳	鼓楼
绵阳	汉平阳府君阙、白云洞摩崖、坟墓、西山观摩崖造像
梓潼	七曲山文昌宫玛瑙寺大殿、汉李业阙、南门外无名阙、西门外无名阙、北门外无名阙、坟墓、牌坊、卧龙山千佛崖摩崖造像
广元	唐家沟崖墓、千佛崖摩崖造像、皇泽寺摩崖造像
昭化	观音崖摩崖造像
阆中	清真寺大殿、久照亭、观音寺化身窟、蟠龙山崖墓、间溪口摩崖造像、青崖山摩崖造像、铁塔寺铜钟及铁幢、桓侯祠铁狮
南部	大佛寺造像、坟墓
渠县	汉冯焕阙、汉沈府君阙、拦水桥无名阙、赵家坪南侧无名阙、赵家坪北侧无名阙、王家坪无名阙、崖峰场石墓、坟墓、文庙棂星门
岳池	千佛崖摩崖造像、坟墓
南充	西桥、坟墓
蓬溪	鹫峰寺大雄宝殿兜率殿及白塔、宝梵寺大殿、定香寺大殿
潼南	仙女洞、大佛寺摩崖造像、千佛崖摩崖造像、牌坊
大足	报恩寺山门、北崖白塔、北崖摩崖造像、周家白鹤林摩崖造像、宝鼎寺摩崖造像
合川	桥梁、濮崖寺摩崖造像
雅安	汉高颐阙

川康的调查是学社最后的一次野外调查。

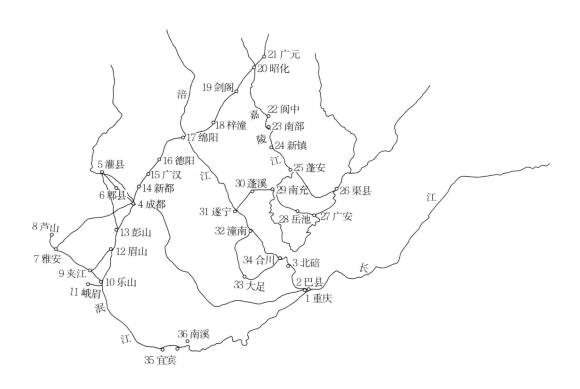

21 广元
20 昭化
19 剑阁
涪
22 阆中
嘉
18 梓潼
23 南部
17 绵阳
陵
24 新镇
5 灌县
16 德阳
15 广汉
江
25 蓬安
14 新都
30 蓬溪
29 南充
26 渠县
江
6 郫县
4 成都
31 遂宁
28 岳池
27 广安
8 芦山
13 彭山
32 潼南
7 雅安
12 眉山
34 合川
3 北碚
长
9 夹江
10 乐山
33 大足
2 巴县
11 峨眉
1 重庆
泯
江
36 南溪
35 宜宾

1939-1940年梁思成、刘敦桢川康地区调查路线图

艰苦而充实的李庄生活（1940—1945）

朱启钤将学社资料从天津取出来后，发现资料已完全泡毁，但他仍带领乔家铎、纪玉堂等将已泡毁的测稿等精心整理，并找到赵法参，请他将一些重要的测稿描下来，寄到李庄去，又把一些重要的建筑照片加以翻拍，再复印两份，寄给梁思成、刘敦桢。正是有了这些资料，梁、刘二人的研究工作才有可能继续进行。

1940 年冬，中央研究院历史语言研究所决定迁往四川南溪县李庄。学社为了依靠史语所的图书资料，也就被迫随史语所迁往四川。这时，建筑界同人知道学社的困难，自动捐助学社由滇入川的迁移费，史语所也借给车辆运送行李。在南溪李庄，学社租了刘氏的两个相连的小院作为办公室和宿舍，前院一排中间是办公室，左右为梁思成、刘敦桢两家，刘致平、莫宗江等住在侧面的一组小院。院内还有一棵大桂圆树，在树上拴了一根竹竿，梁思成每天领着几个年轻人爬竹竿，为的是日后有条件外出测绘时，没丢掉爬梁上柱的基本功。

由于战争关系，庚款来源下降乃至断绝。学社经费主要来自庚款，自然也就受到较大的影响。

大约自 1941 年起，梁思成每年都要到重庆向行政院及教育部申请经费，但仍没有固定的经费来源，只能维持短期的开支。经教育部与中央研究院等单位协商，决定将学社主要成员的薪金，分别编入史语所及中央博物馆筹备处编制内，以维持学社同人的生计。可是，研究工作所需的经费却少得可怜，加上通货膨胀，每年的经费很快就变成一张废纸，外出调查是根本不可能的了。尽管如此，他们还是在宜宾地区就近调查了一些古建筑。

1941 年学社招聘了最后的一名工作人员罗哲文，原名罗致福，当时，我国与英、美、法结为盟国，抗击德意日侵略者，因此在后方，美国总统罗斯福、英国首相丘吉尔等名字家喻户晓。罗致福与罗斯福谐音，因此大人们常亲热地逗罗，称他罗总统；梁思成听到后，便将他的名字改为罗哲文。这虽是一件小事，但也看出梁对学生的情感如同亲朋长辈般关爱有加。

1942 年中央大学毕业的卢绳和叶仲玑到学社来进修中国建筑。学社增加了两个热爱中国建筑的新生力量，梁思成非常高兴。当时，后方的生活虽然清苦，但是大家互相关心，十分融洽，也不无乐趣。那时罗哲文只有十几岁，还是幼年未尽的孩子，常常和梁从诫[1]、刘叙杰[2]三人趴在地上玩弹子。卢绳看到后，作了一首打油诗送给他们："早打珠，晚打珠；日日打珠，不读书！"并把这首诗抄写在一张纸上贴在树上。

当时伙食标准很低。叶仲玑是个瘦子，很希望自己胖起来，于是有一天他心血来潮，也写了一张条子贴在树上："出卖老不胖半盒。"

梁思成女儿梁再冰常患感冒，于是她写了一张条子贴在树上："出卖伤风感冒。"

① 梁思成之子。
② 刘敦桢之子。

抗日战争时期，营造学社在四川李庄的工作室；前为莫宗江，后为梁思成

梁思成在四川李庄中国营造学社工作室

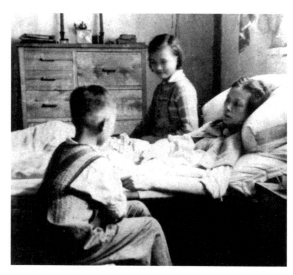

1941年病中的林徽因与孩子们在李庄

这些条子使这个小院活跃了起来，大家吃过晚饭都在院里休息闲谈。

就在这样困难的情况下，学社仍努力完成了多项工作。

参加中央博物院的考古发掘

1942年至1943年间，中央博物院在彭山大规模发掘崖墓，邀请学社参加，学社派陈明达去参加这项工作。陈明达大约每两天就向梁思成写一份书面汇报。这些文件一直保存着，"十年动乱"中被销毁。不久，莫宗江也到成都去参加中央博物院对成都王建墓的发掘工作。

广汉县志的编修

这期间，国立编译馆委托学社作《广汉县志》建筑部分的编修。这项任务交给了刘致平。刘从城市规划、布局、城垣到公共建筑、民居等做了系统调查，绘制成了整套图卷。这是将现代建筑科学的研究方法用于我国县志的创举。

编写《中国建筑史》

1939年，中央博物院聘请梁思成担任建筑史料编纂委员会主任。1942年，梁思成开始编写中国建筑史，林徽因、莫宗江、卢绳都参加了这项工作。林徽因负责收集辽、宋的文献资料，卢绳负责收集元、明、清的文献资料，莫宗江负责绘制插图。这是我国第一部由中国人自己编写的比较完整系统的中国建史。20世纪50年代初期，中国科学院编译局曾建议出版该书。但梁思成认为，它是1944年完成的，部分观点有待修正，所以没有同意。鉴于当时各校教学上急需中国建筑史的教材，经高教出版社和梁思成协商，决定先油印五十份，供各校教师备课参考，待修改后再正式出版。后因种种原因修改工作没有完成。直到梁思成去世后，才将此稿收入《梁思成文集·三》；1998年1月由百花文艺出版社正式出版。

在梁编写中国建筑史的同时，国立编译馆又委托梁思成编写英文版的《中国建筑及雕刻史略》。[1] 这部英文版的中国建筑史亦于1944年完稿。1946年，梁思成赴美讲学就是用的这份稿子。当年，梁在美国普林斯顿大学庆祝建校二百周年举办的一系列学术活动中做了"唐宋雕塑"与"建筑发现"两场报告，他是与会学者、专家中唯一负责两场演讲的学者。[2] 普林斯顿大学为此授予梁思成荣誉文学博士学位。这两个报告的内容即梁思成在营造学社十五年野外考察及研究的成果，也凝聚着学社大部分同人劳动的成果。

这时，江西建设厅委托学社做滕王阁的重建设计。梁思成与莫宗江共同担任了这项设计任务。完成了技术设计后，因抗日战争胜利，这项工作又被暂时搁置起来，直至1984年至1985年，南昌市又准备重建滕王阁，并委托清华建筑系做设计。清华的设计方案即在当年梁、莫的方案基础上完成。现在重建的南昌滕王阁是由南昌有关设计单位设计的。

测绘宜宾古建筑

1943年，莫宗江、卢绳测绘了宜宾旧州坝白塔[3] 及李庄旋螺殿[4]。1944年，

---

① 黄健敏：《梁思成小传补续》，台北：《建筑师》，1988年12期。
② 梁思成著英文本《A Pictorial History of Chinese Architecture》一书直至1984年，在费慰梅的努力下，由美国麻省理工学院出版社出版。1999年百花文艺出版社出版英汉对照版《图像中国建筑史》。
③ 详见莫宗江：《宜宾旧州坝白塔宋墓》，《中国营造学社汇刊》七卷一期。
④ 卢绳：《旋螺殿》，《中国营造学社汇刊》七卷一期。

莫宗江、罗哲文、王世襄测绘李庄宋墓。[①] 刘致平详细调查了成都的清真寺[②]并对我国伊斯兰教建筑产生兴趣，后来成为我国伊斯兰教建筑的专家。他还调查测绘了李庄的民居。罗哲文就在参加这些测绘工作的过程中渐渐成长了起来。

深入研究《营造法式》

梁思成除了以上工作外，还继续研究《营造法式》，并在莫宗江的协助下，将法式大木作的全部插图绘制完毕，后因抗战后的复员工作及创办清华大学建筑系，这项研究工作暂时搁置了起来。直到 1962 年 3 月广州会议后，由梁思成、莫宗江及梁的助手楼庆西、徐伯安、郭黛姮组成研究小组继续工作。到 1966 年，除小木作和彩画作有待实例的补充外，其他诸卷已全部完成。后因"文革"而停顿，直至 1983 年才出版了上卷。《营造法式》的研究工作，自朱启钤开始，至梁思成、莫宗江再到楼庆西等，可谓前后经历了三代人的努力，相信直至第四代、第五代也还要继续下去，甚至发扬光大。

撰写西南古建筑调查报告

1941 年以后，学社已无力量进行野外调查，刘敦桢集中精力整理西南地区的调查资料，并撰写了《西南古建筑调查概况》《云南古建筑调查记》《云南之塔幢》《丽江县志稿》《川康之汉阙》《四川宜宾旧州坝白塔》等文。[③] 到了 1943 年，因学社缺少经费，研究工作难以开展，刘遂决定离开学社到中央大学建筑系任教。离开李庄的前一天晚上，梁、刘二人促膝长谈，他们二人自 1931 年开始，为了一个目标，共同奋斗了十一年，这时却不得不分别了。两人边谈边流泪，直至号啕痛哭。不久，陈明达也离开了学社，赴西南公路局就职。

---

① 王世襄：《四川南溪李庄宋墓》，《中国营造学社汇刊》七卷一期。
② 刘致平：《成都清真寺》，《中国营造学社汇刊》七卷二期。
③ 已收入《刘敦桢文集·三》。

举办设计竞赛

抗战时期，梁思成致力于古建筑研究的同时，也注意到当时的建筑教育。担心学校教育缺少传统建筑设计的训练，提出桂辛奖学金的设想。

1942年、1944年举办了两届建筑设计竞赛，两次都是与中央大学建筑系合作。当时杨廷宝先生在中大兼课，梁与杨商定，由杨辅导选定三年级学生参加竞赛。题目是国民大会堂设计，要求做传统的建筑形式。1942年的获奖人是郑孝燮。

郑还清楚地记得评图的那天，梁思成身着中式长袍，显得温文尔雅。他在设计方案前反复看过以后，同杨廷宝先生交谈了一会儿，便走到郑设计的图前，在上面画了一个红星，注明"桂辛奖学金第一名"。

1944年的竞赛题目是后方某农场。评委有中大教授童寯、李惠伯及学社梁思成。第一名获奖人是朱畅中，第二名是王祖堃，第三名是张琦云。

恢复《中国营造学社汇刊》七卷

1944年，学社的经费已经到了几近枯竭的地步，学社仅有的五六个成员又走了刘敦桢、陈明达二人，可谓惨淡到了极点。但梁思成仍认为，一个学术团体不能没有学术刊物，遂决定恢复《中国营造学社汇刊》。

建筑界同人及学社社友都积极赞成并慷慨捐助了印刷费二万二千五百元。当时，后方的条件极端困难，连最普通的报纸都没有，印刷更是难上加难。于是，他们经再三踌躇考虑之后，决定改弦更张，因陋就简，降低印刷标准，改用石印。他们将插图直接绘版而不用照片，文字也直接抄录而没用铅字排版。从制版、印刷到装订、发行全部由学社同人亲自动手，还加上老少家属，一齐动手。终于在后方出版了七卷一期、二期两期"汇刊"。著名的唐代佛光寺、榆次雨花宫、成都清真寺等重要的调查报告都发表在七卷汇刊上，还有费慰梅写的《汉武梁祠建筑原形考》，也由王世襄译成中文刊载在七卷二期上。费的这篇论文原发表在美国《哈佛亚洲研究集刊》1941年六卷一期上，在欧洲学术界引起很大反响。学社也因此吸收费慰梅为学社社员。她是最后一个加入学社的社员。

罗哲文回忆起学社自己动手办刊时全体成员团结一致，拼命要把汇刊发出去的热情时，仍然激动不已。

到1945年抗日战争胜利，学社只有梁思成、刘致平、莫宗江、罗哲文四人，经费来源已经到了山穷水尽的地步。当时的国民政府教育部建议将学社与中研院史语所或中央博物院合并。梁思成考虑到战后国家建设将需要大批的建设人才，因此决定到清华大学去创办建筑系。刘致平、莫宗江、罗哲文也都随梁思成到清华大学。

中国营造学社的历史至此结束了。

中国营造学社从1930年正式命名成立，到1945年结束，前后共十五年，但成果最丰硕的，还是在1931年至1937年六年间。

十五年来，经他们所调查过的地方总计有一百八十九县市，详见下表。经过详细测绘的（1937年以前的）有二百零六组大小不同的建筑群，所调查的建筑物有两千七百三十八处。完成测绘图稿一千八百九十八张。1937年以后，西南地区的测稿因没有集中保管，散在个人手中，因此无从统计。梁思成的调查笔记又毁于"十年动乱"，所以以上统计数字肯定尚有遗漏。抗日战争胜利后，营造学社的主要成员已各奔东西。1946年以后，虽然朱启钤还想努力恢复营造学社，但从经费上及原有人员的集中上看都是不可能的了。

中国营造学社十五年调查省县汇总表（1930—1945）

省	县（市）
河北省（计42县市）	北平、束鹿、易县、保定、涿州、景县、昌平、通县、蓟县、顺义、涞水、高阳、新城、沧州、宝坻、宛平、安平、行唐、邯郸、隆平、正定、元氏、遵化、安国、邢台、静海、房山、临榆、赵县、高邑、蠡县、定县、大名、青县、密云、定兴、武安、曲阳、磁县、涉县、车光、清浦

省	县（市）
河南省（计24县）	洛阳、泌阳、安阳、郑县、汤阴、新乡、济源、登封、汲县、郑州、修武、氾水、密县、巩县、开封、滑县、渑池、武陟、浚县、博爱、偃师、孟县、孟津、宝山
山西省（计22县）：	大同、灵石、浑源、太原市、应县、霍县、朔县、太原县、赵城、代县、文水、洪洞、太谷、汾阳、临汾、五台、孝义、汾城、榆次、介休、新绛、繁峙
山东省（计18县）：	泰安、临淄、滕县、曲阜、肥城、益都、嘉祥、博山、济南、潍县、济宁、德州、长清、历城、滋阳、章丘、邹县、聊城
陕西省（计16县市）：	西安、宝鸡、朝邑、临潼、咸阳、虢镇、韩城、礼泉、澄城、兴平、长安县、扶风、汾县、户县、耀县、乾县
浙江省（计6县市）	杭州、金华、宣平、诸暨、宁波、武义
湖南省（计1县市）	长沙
江苏省（计5县市）	南京、苏州、吴县、松江、徐州
辽宁省（计3县市）	沈阳、义县、锦县
云南省（计16县市）	昆明市、昆明县、曲靖、富民、安宁、楚雄、镇南、姚安、宾川、大理、邓川、剑川、凤仪、鹤庆、丽江、晋宁
四川省（计36县市）	重庆、巴县、北碚、江北、成都、灌县、郫县、雅安、芦山、夹江、乐山、眉山、峨眉、彭山、新津、新都、广汉、德阳、梓潼、剑阁、昭化、广元、阆中、南部、新镇、蓬安、南充、渠县、岳池、蓬溪、遂宁、潼南、大足、合川、宜宾、南溪

学社原有的资料保存情况（现在已知的情况）：

书籍存文化部文物建筑保护研究所。图稿、照片、瓦当文物存清华大学建筑系资料室。瓦当文物于1966年"破四旧"时毁去部分，所遗部分被工宣队销毁。铜版、锌版、出版刊物及工具等在1949年后存于北京市都市计划委员会，都委会改组后，情况不明。墨线图及彩色图由历史博物馆陈列后部分仍存于故宫，部分存于中国建筑技术研究院理论研究所，部分在清华大学建筑系。

1961年，朱启钤先生九十寿辰，当年学社成员都在朱家相聚，这是学社成员最后的一次欢聚。刘敦桢因患病不能前来，他送给桂老一份苏绣做礼物，并写了祝寿信。

　　梁思成送给朱桂老一本精装的《建筑十年》，在扉页上写下了祝寿词。

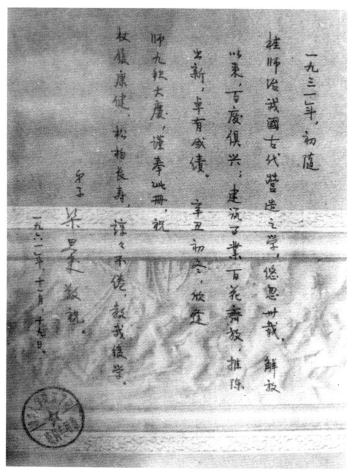

梁思成写在《建筑十年》扉页上的祝寿词

　　1964 年，朱启钤去世。1966 年"文革"开始，梁思成与刘敦桢也相继在"文革"中去世。现在的学社同人也已全部凋零。

第　六　辑

中国营造学社的成就及影响

我国木结构建筑体系在世界上独树一帜。它的营造艺术和技术，一直由民间工匠师徒相传。虽然也有一些抄本流传，但因匠人多数不识字，仍以口授为主。所以从建筑技术的发展来看，没有文字记载。历代史书虽然对城市建设、离宫别墅的兴建不乏记载，如《三辅皇图》《水经注》《梦溪笔谈》《历代帝王宅京记》等古籍中有关建筑的材料很多；在文学作品中，也常常读到有关建筑的描述，如《两京赋》《两都赋》《阿房宫赋》《徐霞客游记》等，但这都是些零星资料，不能从中了解建筑的发展历史。

在 18 世纪，已有英人钱伯思 ① 开始研究中国建筑。20 世纪初，又有德国的康巴斯 ② 和鲍希曼 ③、英国的叶慈、瑞典的喜仁龙 ④ 对中国建筑产生兴趣，但他们都多少带有欣赏异国风俗的情调，并没有系统地研究和科学地分析。日人伊东忠太和关野贞等对中国建筑的了解，比起欧洲学者要深入得多。伊东等人写的《中国建筑史》也成为我国学者起步研究本国建筑史的主要参考资料。直到1919 年，朱启钤重印了宋代李明仲的《营造法式》之后，国内外学术界和我国

---

① 钱伯思（William Chambers, 1723—1796），英国人，著有《中国建筑、家具、服装和器物的设计》。

② 康巴斯（Gisbert Combaz, 1869—1941），比利时新艺术运动的重要艺术家，致力于远东艺术史的研究，著有《中国皇宫》《中国皇陵》等。文中记为"德国"似为衍误。

③ 鲍希曼（Ernst Boerschmann, 1873—1949），德国建筑师。第一位全面考察中国古建筑的德国建筑师。

④ 喜仁龙（Osvald Siren, 1879—1966），瑞典艺术史学家。对中国古代建筑、雕塑、绘画艺术颇有研究。

青年学者对中国建筑史的研究日益重视起来。

中国营造学社的成就

1930 年，朱启钤创办了以研究中国营造为宗旨的中国营造学社。创社之初，朱在开幕式演词中即宣布："然须先为中国营造史，辟一较可循寻之途径，使漫无归束之零星材料，得一整比之方，否则终无下手处也。"学社的研究工作也就是朝这一方向努力。学社从 1930 年成立，直至 1945 年结束，前后达十五年。仅在 1937 年以前就完成了我国有关建筑的重要古籍的整理、校对及出版，调查了二千七百八十三处古建筑，测绘了重要古建筑群二百零六组，从而基本上弄清了我国建筑发展的脉络及历史源流。

可以说，我国建筑史中重要的建筑实例他们都进行了调查研究：

汉代的郭巨祠，嵩山少室太室石阙，四川西康的高颐、平阳府君、冯焕等石阙及大量汉代崖墓等。

南北朝时期的嵩岳寺塔、神通寺塔、佛光寺塔、义慈惠石柱，云冈、天龙山石窟等。

隋唐时期的天龙山石窟、赵州桥、佛光寺大殿、玄奘塔、香积寺塔、大雁塔、小雁塔、法王寺塔、灵岩寺慧崇塔、净藏禅师塔、大理崇圣寺塔、洛阳龙门石窟、四川乐山龙泓寺千佛崖净土变相等等。

五代、宋辽金时期的独乐寺观音阁及山门，榆次永寿寺雨花宫，佛光寺文殊殿，正定隆兴寺摩尼殿、转轮藏殿，太原晋祠、广济寺三大士殿，大同华严寺建筑群、善化寺建筑群，佛宫寺木塔，少林寺初祖庵，济源奉仙观大殿，苏州玄妙观三清殿、虎丘塔、罗汉院双塔，杭州灵隐寺双塔，开封佑国寺铁塔，南京栖霞寺舍利塔，定县料敌塔，北平天宁寺塔，赵县经幢等等。

元明清的建筑则更是不胜枚举。元代的建筑有正定阳和楼、安平圣姑庙、曲阳德宁殿、赵城广胜寺、宣平延福寺、告城观星台、北京妙应寺白塔、安阳天宁寺塔、昌平县居庸关等。

明代的建筑有北平护国寺、太庙、社稷坛享殿、故宫的建极殿，大同城楼、钟楼，景县开福寺大殿，曲阜奎文阁，七曲山天尊殿，鹫峰寺大雄宝殿、兜率宫，赵城广胜寺飞虹塔，北平正觉寺金刚宝座塔，太原永寿寺大雄宝殿、双塔，北平慈寿寺塔，五台山塔院寺塔，南充广恩桥，明十三陵等等。

清代调查的不仅是单体建筑，还有规模宏大的建筑群，如北平故宫、曲阜孔庙、北平及苏杭的诸多园林、清东陵及西陵、沈阳昭陵等等。

他们的调查，可以说已掌握了从汉、唐至明、清各历史时期的丰富实物例证。虽然汉、唐的实物不多，但墓葬、明器及唐代大量的摩崖石刻为他们提供了丰富的佐证材料。特别是在各个时代做法的转变时期，他们都找到了过渡做法的实例，如榆次永寿寺雨花宫显示了唐到宋做法的过渡，正定阳和楼说明了元到明清做法的过渡。

在建筑类型上也是十分广泛，所调查的对象包括：考古遗址、城墙、城楼、阙、宫殿、庙宇、楼、阁、塔、幢、台、坛、牌坊、民居、园林、桥、坝、陵墓、石窟、摩崖石刻、碑……

学社通过扎实的实地调查，采用科学的方法分析研究，并在理论上加以提高，整理出有学术价值的论文，提供给学术界，从而为建筑史的研究打下了深厚的基础，取得了辉煌的成果。《中国营造学社汇刊》及其研究成果的发表，在中外学术界的影响也都是巨大的。

学社成就产生的原因

1931 年至 1937 年，这短暂的六年间取得的成就是巨大的，而且的确是一个惊人的成果。为什么在这样短的时间内能取得如此辉煌的成果？关于这个问题，吴良镛教授已在《发扬光大中国营造学社所开创的中国建筑研究事业》一文中，做了较全面及理论的分析。笔者仅就吴先生所述做些补充：

社会背景

鸦片战争以后,帝国主义列强对中国的侵略与瓜分日趋严重。至 20 世纪初,我国已与帝国列强签订了一系列的不平等条约。因此, 国民意识中要救国,"国家至上""民族至上"的思想成为主流。大批的中国学者、志士仁人, 已不满足于仅仅接受西方文化思想, 他们怀着救国救民的目的, 要研究中国的传统, 寻求民族独立的新文化。这就是营造学社当时的时代背景。

在这样一个大前提下, 学社的事业得到了社会的关心, 从经费到活动都得到多方面的支持。他们每到一处调查, 县长或教育局长多亲自接待, 并派向导陪同, 必要时还派保安人员护送。刘敦桢调研定县义慈惠石柱、云南西北诸县, 梁思成调查益都等处, 均得到当地保安人员的保护。当时国家还很穷困, 小轿车少得可怜, 当局就常常设法为他们借用骑兵团的军马。为此, 梁思成还被军马踢伤。

在经费上, 他们更是受助良多。首先, 得到中美、中英庚款董事会的支持, 拨给他们经费。其次, 一些大企业家和有识之士也常常解囊相助, 如周作民、钱新之、张文孚、胡笔江、叶揆初、张学良、林行规、孟锡珏、关颂声等均不止一次为学社捐款, 且数额不小。直到抗日战争时期, 全国大部分人民的生活都已十分贫困, 但建筑界同人还是非常关心学社, 如资助学社从滇入川的迁移费, 为学社汇刊的复刊捐款。

除了在物质上的援助, 他们对学社的事业也非常关心, 尤其是杨廷宝及华盖建筑事务所的赵深、陈植等人, 都与梁思成保持密切的联系, 蓟县独乐寺就是杨廷宝首先向梁思成提供的信息。学社举办的设计竞赛, 杨还亲自为学生做辅导。

人员组合

朱启钤在创社伊始就意识到, 要用科学的方法来研究中国建筑史。他说:"吾西方之友, 贻我以科学方法, 且时以其新解, 予我以策励。"可见, 他不但重视科学的研究方法，且注意西方建筑理论的发展。研究中国建筑史是目标，运用西方的科学方法，为其研究路线。正因为在奋斗目标、研究方法等各方面均能取得高度的默契和认识，才可能有最密切的合作。这就是朱启钤之所以能与梁思成、刘敦桢两位受过现代建筑教育的青年学者密切合作的思想基础。

朱启钤既是一位善于运筹募化的开拓事业的贤达人士，又是一个勤勤恳恳的学者。朱、梁、刘是学社的核心。此外，法式、文献两部还有不少得力的研究人才，如文献部的谢国桢、梁启雄、单士元等，法式部的邵力工、刘致平、莫宗江、陈明达、赵法参等，这些人组成了齐备的研究班子。

朱启钤还延请了各界社会名流入社，使学社得到各方面的支持，并扩大学社的影响。这是一个不可忽视的客观条件。

研究方法

吴良镛先生准确地将学社的研究路线归纳为"旧根基、新思想、新方法"九个字。首先，旧根基指学社成员具有很深的中国传统文化功底，包括梁思成、刘敦桢二人，他们虽在国外留学多年，但有着很深的国学根底。他们领导学社成员运用在国外学到的新思想、新方法投入到中国建筑的研究中。

其次是文献与调查相结合。他们的研究工作采取了文献与调查并重的方针，除了阅读前文提到的古籍外，还有宋《营造法式》、清《工部工程做法》及内廷各种则例做法的抄本、样式雷图稿、方志记载等等。而以《营造法式》最为重要。《法式》成书于1103年，恰恰是上承汉、唐，下启明、清的时代。以古建筑实物与《法式》相对照，既可参考验证建筑的建造年代，又在参照实物的过程中使《法式》中不易明了的部分豁然开朗。可以说，《法式》既是他们研究工作中一本最重要的工具书，又是他们研究的对象。如此相辅相成，使建筑史的研究得到较快的进展与深入。在"汇刊"的论文中充分体现出他们"思想逻辑的严谨"及对资料要求的扎实。

汪坦教授在《迎接新阶段的中国近代史研究》一文中提到建筑史的特殊方

面，强调图表的重要性时说：

　　一般建筑史往往把图表当作附件看待——附图、附表，这是十分令人遗憾的。因为建筑主要是通过形象与人交往。著名的挪威建筑理论家 C. 诺伯格－舒尔茨在《居住的概念》中说，"建筑语言"包含"形态学的""拓扑学的"和"类型学的"三方面要素，并把这本书称之为"走向象征的建筑学"。象征原文为 Figurative，也可译成图形的，三要素都是解释形象的属性。举世闻名的建筑史专家梁思成先生的《图像的中国建筑史》(*A Pictorial History of Chinese Architecture*,1984，The Massachusetts Institute of Technology)是真正做到了以图和照片为体系的、形象鲜明的建筑历史著作。它的章节是以时代精神为标题，亦属创举。如：

　　木构殿堂演变——

　　豪劲时期　约 850—1050 年

　　醇和时期　约 1000—1400 年

　　羁直时期　约 1400—1912 年

　　佛塔演变——

　　古拙时期　约 500—900 年

　　繁丽时期　约 1000—1300 年

　　杂变时期　约 1250—1912 年

　　梁先生这本著作的表达方法，非常值得我们学习、研究，尤其是"历代木构殿堂外观演变图""历代殿堂平面及列柱位置比较图""历代佛塔型类演变图"等，对建筑史来说超越了文字语言描述能力。

　　汪坦先生的这段论述，可以说是对梁思成、莫宗江等人在建筑表达方法方面的高度评价。

对中国建筑史研究人才的培养

学社除了为研究建筑史打下深厚的基础，开拓了崭新的道路外，还培养了一批高水平的研究人才。可以说，我国建筑史学界的研究人才绝大部分直接或间接师承于学社。从 20 世纪 50 年代我国大学有影响的七大建筑系中建筑史课程的师资情况即可说明（见下表）：

我国大学建筑系建筑史师资情况（20 世纪 50 年代）

院系名称	教师姓名
南京工学院建筑系	刘敦桢
清华大学建筑系	梁思成、莫宗江、赵法参
同济大学建筑系	陈从周
重庆工学院建筑系	叶仲玑
天津大学建筑系	卢　绳
西安冶金学院建筑系	林　宣
哈尔滨建工学院建筑系	侯幼彬（清华建筑系、梁思成学生）

其中，除了陈从周与营造学社没有直接关系外，其他人都与学社有直接关系。此外，中国建筑科学院建筑历史理论研究室成立时的主要研究人员——刘致平、张驭寰、傅熹年、杨鸿勋、王世仁、张静娴、程敬琪中，刘致平是学社成员，其他除张驭寰外，几乎都是梁思成的学生。陈明达亦在 20 世纪 70 年代调至该室。该室还有一个分室设在南京，由刘敦桢领导，主要研究人员有郭湖生、潘谷西等。早在 1943 年，刘敦桢先生就在中央大学建筑系教授建筑史课，所以他的门生更是遍布各地。

我国文化部文物建筑保护研究所的前身是文物整理委员会。在文物整理委员会刚成立时，罗哲文先生就调到该会工作，为古建筑的保护，为培养古建保护人才做出了贡献。

在建筑史这块土地上，营造学社播下的种子不断开花结果，可谓青出于蓝而胜于蓝。

中国建筑史的研究，营造学社代表了实物测绘及史料研究的第一阶段，并完成了第一部中国建筑史稿的编写。

1949 年以后，建筑科学研究院所属"建筑历史与理论研究室"及"科学院自然科学史研究所"组织了各方面的专家，先后完成了《中国古代建筑史》《中国建筑技术史》的编著。可以说是完成了建筑史研究的第二阶段。那么，中国建筑史的研究今后将如何进展？东南大学郭湖生教授所撰《我们为什么要研究东方建筑》一文回答了这一问题。

郭先生首先对过去中国建筑史的研究做了较精辟确切的总结，他说：

> 曾有人认为中国建筑的研究已经够多了，似乎没有更多的事可做了。其实不然，对中国建筑的研究，总体而言，虽粗具规模，但浅尝辄止，不求甚解乃至以讹传讹的情况尚多。许多问题至今若明若暗，似是而非。除了继续深入之外，另辟途径也是必要的。东方建筑的研究可以有助于此。
>
> 自某种意义上说，建筑是一种重要的文化载体。许多文化现象，如哲学、宗教信仰、社会制度、社会生活、艺术美学以及生产经济活动等等，或多或少通过建筑表露出来。于是可以认为，建筑自身就是文化的一种存在形式。因此，研究建筑的深层，必然接触其文化内涵。而文化的具体存在千姿百态，在不同深度层次相互影响，互为因果，互相交流，萌生出新品种、新形态，精彩纷呈，从而构成了我们这个五彩缤纷的世界。线形发展的思想，只知其一不知其二的眼界，不足以完整地认识世界，也不足以正确地认识中国建筑自身。我们可以说，研究东方建筑是当中国建筑的研究达到一定阶段时必然要提出的问题。这样做，既是为了进一步理解自身，也是为了更全面地认识世界，是非常有必要的。

　　郭先生又以大量的事实阐述了深入研究中国建筑史必须从研究东方建筑入手的道理，因此他认为：

　　　　宏观地研究这一系统的萌生、发展，在中国境内的存在与变化，其文化形态、信仰崇拜、聚居形式、建筑艺术等问题，必须要和同一系统的其他支系比较而后，才能更深刻、准确地认识其位置、阶段和特殊性质。我们的研究必须既考察一般，也考察特殊，既有全局，也有局部。然而，理顺其中关系，谈何容易，需要长期的努力。

　　对中国建筑史研究的展拓，已故建筑学家刘敦桢先生在 1959 年即开始倡导研究东方建筑，并多次谈到开展东方建筑研究的必要性。由于种种原因，这一研究被搁置起来。现在，郭湖生先生追随先师开辟的道路，并从理论上做了深层的探讨与提高，对当前中国建筑史的研究，实有无穷的意义。

　　从 1944 年梁思成发表《为什么学习中国建筑》，到郭湖生发表《我们为什么要研究东方建筑》，整整半个世纪过去了。郭文的发表，标志着中国建筑史的研究已进入了第三个阶段。

附录一

中国营造学社社员简介

艾克（Gustav Ecke，1896—1971）

德国爱尔兰根大学哲学博士。

1923 年来华任厦门大学教授，1928—1933 年任清华大学教授，1934—1947 年任辅仁大学教授，1947—1949 年复任厦门大学教授。1950 年后，在美国夏威夷大学任东方美术学教授。

20 世纪 30 年代初，艾克在北平时到学社来自我介绍加入了中国营造学社。

艾氏研究中国美术，著有《泉州双塔——中国晚近佛教雕塑研究》（1935）、《陶德曼所藏早期中国青铜器》（1939）和《中国花梨家具图考》（1944）等书。

艾克是世界上研究中国明式家具的重要学者，其妻曾佑和是中国女画家。他经过十几年悉心研究，于 1944 年在十分困难的条件下出版了《中国花梨家具图考》，这对启发后人重视中国传统家具文化及鼓励后学作出了不可磨灭的贡献。

鲍鼎（Bao Ding，1899—1979）

字祝遐，号默丁，湖北蒲圻人。著名建筑学家，社会活动家。美国伊利诺伊大学学士。历任国立中央大学建筑系教授兼系主任。抗日战争胜利后，在武汉开设兴中工程公司，并兼任武汉区域规划委员会副主任委员。中华人民共和国成立后，任武汉建委主任、全国政协委员、全国人大代表等职，是全国建筑学会常务理事。有关建筑学方面的论文，多发表在《中国营造学社汇刊》及《建筑学报》上。

鲍希曼（Ernst Boerschmann，1873—1949）

德国人。1920 年前后曾访问中国，对中国古建筑很感兴趣，拍摄、收集了不少有关中国建筑的史料。著有《画意的中国》（*Picturesque China*，纽约，1923）和《中国建筑》（*Chinesische Architektur*，柏林，1925）。

1923 年，鲍希曼通过中国驻柏林代办公使梁龙公函致中国营造学社，介绍鲍愿为学社通讯研究员，并寄来他著的《中国宝塔》论文，因而被接纳入社。

陈垣（Chen Yuan，1880—1971）

史学家。字援庵，广东新会人。早年在广州参加反清斗争，后从事历史研究和教育工作。曾任教育部次长，北京大学、北平师范大学、辅仁大学等校教授，辅仁大学校长。

1949 年后，任北京师范大学校长、中国科学院第二研究所所长。1959 年，加入中国共产党。治学精勤刻实，对火祆、摩尼、佛、道、天主等宗教史以及元史、年代学、校勘、辑逸、史讳等方面，均有创造性的成就。抗日战争时期，在北京草《通鉴胡注表微》，坚持民族气节，表现了热爱祖国的精神。著有《二十史朔闰表》《中西回史日历》《史讳举例》《元典章校补》《元西域人华化考》《中国佛教史籍概论》《明清滇黔佛教考》等书。

陈植（Chen Zhi，1902—2001）

字直生，生于浙江省杭州市，中国现代著名建筑师。

1923 年毕业于清华学校后留学美国宾夕法尼亚大学建筑系。1927 年获建筑硕士学位，求学期间获得柯浦纪念设计竞赛一等奖。1927—1929 年在费城和纽约建筑事务所工作。

1929 年回国后至 1931 年，任东北大学建筑系教授。1931—1932 年在上海组织赵深、陈植建筑师事务所。1932—1952 年同建筑师赵深、童寯在上海合组华盖建筑事务所，设计工程近二百项。1938—1944 年兼任之江大学建筑系教授。在华盖建筑师事务所期间，三人合作设计了南京外交部大楼、上海浙江兴业银行大楼、大上海大戏院（现大上海电影院）等建筑。陈植的代表作是上海浙江第一商业银行大楼和大华大戏院（现新华电影院）等建筑。

1949 年后，陈植历任之江大学建筑系主任（1949—1952）、华东建筑设计公司（现在的华东建筑设计院前身）总工程师、上海市规划建筑管理局副局长兼总建筑师（1955—1957）、上海市基本建设委员会总建筑师（1957—1962）、上海市民用建筑设计院院长兼总建筑师（1957—1982）。这一时期，参加了上海展览馆的设计，设计了鲁迅墓、鲁迅纪念馆，指导了闵行一条街、张庙一条街、延安饭店、锦江饭店会堂和苏丹民主共和国友谊厅等工程的设计。

1982 年任上海市建设委员会顾问，继又改任建委科学技术委员会技术顾问，1984 年任上海市城乡建设规划委员会顾问。

他是第三至六届全国人民代表大会代表。1980—1983 年担任中国建筑学会副理事长。

费慰梅（Wilma Cannon Fairbank，1909—2002）

美国人。出生于美国波士顿。著名学者、汉学家费正清[1] 之妻。

1931 年毕业于哈佛大学拉德克利夫女子学院美术系。1932 年，费正清为撰写博士论文到中国来收集资料。同年，费慰梅从美国到北平与费正清完婚，从而结识了梁思成夫妇，并从此建立了深厚的友谊。

1934 年梁费两家同往山西旅游，顺便调查了赵城、临汾一线的古建筑。费

---

① 费正清（John King Fairbank，1907—1991），美国历史学家、汉学家。

慰梅从此了解了古建筑的调查工作，并对中国古建筑有了初步了解与兴趣。在中国期间，她还对汉代壁画产生了浓厚的兴趣，在林徽因的帮助下开始研究汉武梁祠画像石刻，并专程到山东嘉祥县对武梁祠做了实地调查。

1935年底费正清结束了在华的工作后，他们双双回国。费慰梅回国后仍孜孜不倦地继续研究武梁祠石室之拓本。从画面内容的连贯性及画风入手，纠正了我国历代对武梁祠画像石分组的错误，理出各画像石的位置及室内壁画像之图案，使其归复原状，从而得以推知石室之结构原形。1941年她将这一研究成果整理成《汉武梁祠建筑原形考》一文发表，受到东西方学术界的重视，对汉代石室研究亦有重要的意义和价值。她后来又陆续发表了几篇有关东方古代艺术的论文，成为研究东方古代艺术的专家。

1944年中国营造学社接纳费慰梅为社员，她是最后加入学社的一名社员。1945—1947年费慰梅出任美国驻华使馆的文化专员，在重庆任期内她曾到李庄访问营造学社。

1944年，梁思成为使外国读者了解中国建筑，用英文撰写了一本《中国建筑史图录》①。1946年，梁赴美讲学时将这份书稿带到美国，准备在美国出版。后因种种原因未能及时出版。1981年以后，经过费慰梅等人的努力，该书于1984年在麻省理工学院出版社出版。此书出版后得到很高的评价，并获得1984年全美出版奖。

1979—1985年费慰梅为《中国建筑史图录》的出版及撰写《梁思成与林徽因》又多次访华，终于在八十一岁高龄时完成了《梁思成与林徽因》的写作。

她的作品有《检索中的探险》(*Adventures in Retrieval*，哈佛大学出版社，1927)，《梁思成与林徽因——一对探索中国建筑的伴侣》(*Liang and Lin*: *Partners in Exploring China's Architectural Past*，宾夕法尼亚大学出版社，1994)。

---

①　亦名为《图像中国建筑史》，百花文艺出版社，1999年版。

关冕钧（Guan Mianjun，1871—1933）

字伯珩，广西苍梧人。清末进士，历任京张铁路会办、总办，京绥铁路总办，考察各国宪政大臣，二等参赞。

1914 年 3 月，被选为约法会议议员。1917 年 9 月任梧州关监督兼北京政府外交部特派广西交涉员；同年 11 月被选为临时参议院议员。1920 年起，历任杀虎口税务监督、塞北税务监督、山西盐运使等。古玩收藏家。老交通系成员。

关祖章（Guan Zuzhang，1894—1966）

关冕钧之子，建筑师，文物收藏家。早期留学美国。以收藏样式雷、文物家具、神龛（小木作）、铜镜闻名。

关颂声（Guan Songsheng，1892—1960）

广东番禺人，字校声。曾就读于上海圣约翰大学，后转入清华学校，1913 年毕业后赴美留学，就读于美国麻省理工学院建筑系。

1917 年复入哈佛大学研究院学市政管理。1919 年归国协理监造北京协和医院工程。1921 年于天津创设基泰工程公司。1931 年九一八事变后，因拒任伪满洲国工程部部长而遭监禁，后经营救脱险返沪。抗日战争时期赴重庆，参与国防建设之规划。抗战胜利后，重行复业。

1949 年去台湾继续经营基泰业务，1960 年病逝于台北。

郭葆昌（Guo Baochang，1867—1942）

字世五，号觯斋，河北定兴人。清宣统二年（1910）顺德府京吏。后追随袁世凯，在袁总统府协助办理实业方面事务。1914 年任江西九江关监督兼景德镇陶务监督。袁称帝时为大典筹备处司长。1923 年任财政部印刷局会办。1924 年被推举为故宫博物院委员。

爱好陶瓷书画，特别对陶瓷有实际深入的研究，为陶瓷专家，对烧制琉璃瓦亦有研究。校印《项子京瓷器图谱》《李明仲营造法式》。著有《故宫辨琴记》一卷（1929 年石印本）、《清高宗御制咏瓷诗》（1929 年石印本），未完稿有《瓷乘》数十卷、《觯斋书画录》一卷。

华南圭（Hua Nangui，1876—1961）

字通斋，江苏无锡人，清末秀才。

1904 年华南圭赴法国巴黎公益工程大学学习土木工程，1910 年归国，后历任京汉铁路工务处长、铁路技术委员会工务股主任、京汉路黄河铁桥设计审查会副会长、北京交通大学校长、北平特别市工务局长、天津工商学院院长、中国工程师学会天津分会会长。新中国成立后，任北京都市计划委员会顾问等职。

为《铁路辞典》编纂员，著有《力学摘要》《材料耐力》《铁路工程》《房屋工程》《建筑材料》《坑土桥梁》《土石工程》《铁筋坑工》《公路工程》等，译有《法国公民教育》《算学启蒙》等。

何遂（He Sui，1888—1968）

字叙甫，福建闽侯人。早年与林觉民等宣传革命。毕业于陆军大学第二期。与孙岳等结识赴桂，负责创立桂省同盟会。1913 年讨袁失败后赴日学习政治经济。1916 年第一次世界大战期间，与沈鸿烈往日、美、法、英历访诸国战场。回国后，历任陆军第十五混成旅参谋长，国民军第三军参谋长。1924 年任北京政府航空署署长等。北伐后，任黄埔军官学校教育长，代理黄埔校务。1931 年任立法院立法委员。1945 年任立法军事委员会委员长。

中华人民共和国成立后，任华东军政委员会委员兼政法委员会副主任、司法部部长，第一至三届全国人民代表大会代表。

何遂对古瓦甚有研究，集有《古瓦拓片》三十余册，并于 1931 年 9 月与朱启钤、关野贞、伊东忠太、阚铎等联合发起古瓦研究会。中国营造学社迁至四川李庄后，他还为学社出版"汇刊"第七卷捐款。

杭立武（Hang Liwu，1904—1991）

南京金陵大学文学士、美国威斯康星大学硕士、伦敦大学博士，回国后任中央大学政治系教授兼主任，民国参政会参政员。

1933年，任中国政治学会（南京）总干事。20世纪30年代，任中英庚款董事会总干事。抗日战争爆发，设南京难民区，并自南京抢运古物至大后方。1944年起，任教育部次长、部长。在部长任内主持故宫、中央博物院、河北博物院文物运台工作。

1949年后去台湾。著有《今日台湾》等文。

胡笔江（Hu Bijiang，1881—1938）

谱名敏贤，字筠，号笔江，江苏江都人。少年读私塾，十七岁时在钱庄学徒，后在杭州义善源银号为店员。1910年赴北京入公益银号任职员，旋入北京交通银行为行员。1914年提升为分行副经理、经理。1916年辞去交行职务，挟资南下抵沪。与黄奕住等兴办中南银行，任总经理。1923年又发起中南、金城、盐业、大陆四行储备库，任执行董事。

1930年任交通银行董事长，1933年任交通银行总行董事长，1936年成立中国棉业公司，与徐新六等任常务董事。同时，兼新华、金城、江苏典业等银行董事。

1938年8月与徐新六等从香港乘飞机赴重庆，遭遇日机袭击，机毁人亡。

荒木清三（? —1933）

日本人，毕业于日本工手学校 ①。20世纪初，京师大学堂聘请日本东京帝国大学毕业的真水英夫设计新校舍，因一人难以完成大量的工作，真水英夫遂又

---

① 现名日本工学院，是日本最大的专门学校之一。

介绍荒木清三来任助手。真水与荒木当时都是日本有经验的建筑师。1911 年真水回国，荒木清三常驻北京，曾赴东北任建筑顾问，设计中式建筑。

1930 年，加入学社。他在学社期间参加编纂《营造词汇》的工作。九一八事变后，梁思成坚决反对与日本人有任何形式的交往。荒木于 1932 年 3 月离开学社。

胡玉缙（Hu Yujin，1859—1940）

字绥之，江苏元和（吴县）人，光绪年间举人。

1903 年入湖北总督张之洞幕府。1904 年赴日本考察政学。辛亥革命后，曾任北京大学、北京师范大学教授，历史博物馆馆长等职，晚年专事著述。

著有《甲辰东游日记》六卷、《四库全书总目提要补正》六十卷、《四库未收书目提要补正》二卷、《四库未收书目提要续编》二十四卷。

金开藩（Jin Kaifan，1895—1946）

浙江吴兴人，清末著名画家，自幼受家庭熏陶，擅长绘画和书法。

1929 年，在北京组织湖社书画社，讲授书法，弟子众多，出版了《湖社月刊》。

江绍杰（Jiang Shaojie，1877—1932）

字汉珊，安徽旌德人。1904 年进士，补用知县，分发江苏。后毕业于日本法政大学。历任吏部学治馆教习、京师高等审判厅推事、江苏高等检察厅检察长，苏州府知府。民国成立后，曾任江苏苏州民政厅厅长、江苏高等审判厅厅长。

1913 年 12 月任北京政府政治会议议员，1914 年 5 月任肃政厅肃政使，1918 年 8 月任安福国会参议院议员。1925 年任安徽芜湖道尹，10 月调任安庆道尹，11 月护理安徽省省长，1927 年去职。1940 年 5 月代理汪伪华北政务委员会内政总署署长。

卢毅（Lu Yi，生卒年不详）

老同盟会会员，广东人，朱启钤堂妹夫，南北议和时为南方代表之一。

卢树森（Lu Shusen，1900—1955）

名奉璋，字树森，上海人。

1923—1926年，赴美宾夕法尼亚大学建筑系学习，因奉父命回国完婚，肄业而归。回国后任中央大学建筑系教授，并在上海开业。他的作品有：1930年与刘敦桢合作的南京栖霞寺塔栏杆复原设计，1934年青岛湛山寺药师塔及山门，1935年南京中山陵藏经楼、南京考试院办公楼、南京北极阁地震及气象台图书馆、南京文德里生物研究所、上海卢湾区图书馆、连云港东站大楼等。卢对西方古典建筑及中国园林造诣颇深，在苏州亦有他的不少作品。

1946—1948年在台湾修复台湾大学学舍、嘉义市农事试验楼及若干银行。①

刘嗣春（Liu Sichun，1871—?）

名式训，字嗣春，河北南皮人。天津武备学堂铁路科毕业，历任南洋自强军帮办、北洋武备学堂教习、山西武备学堂总教习等，后赴德国任奥地利陆军留学生监督。

1909年回国任京浦铁路济南办事处处长，1915年京张铁路管理局长、张绥铁路管理局长，1923年任交通部唐山铁道学院校长，1924年去职。老交通系成员。

李四光（Li Siguang，1889—1971）

地质学家，地质力学的创始人。字仲揆，湖北黄冈人。早年加入同盟会，

---

① 此信息由陈植、张镈先生提供。

参加辛亥革命。一直从事古生物学、冰川学以及地质力学的研究和教学。曾任中华人民共和国地质部部长、中国科学院副院长、中国科学院古生物研究所所长、中国科学院地学部委员、中国科学技术协会主席，并当选为第一至三届全国人民代表大会代表、中国人民政治协商会议第二至四届全国委员会副主席、中国共产党第九届中央委员会委员。

他在地质学理论上最重要的贡献之一，是创立了地质力学。他用力学的观点研究地壳运动的现象，探索地壳运动与矿产分布的规律，把各种构造形迹看作是地应力活动的结果，建立了"构造体系"这一地质力学的基本概念。著作有《地球表面形象变迁的主因》《中国北部之蟆科》《中国地质学》《冰期之庐山》《地质力学概论》《地震地质》以及《天文、地质、古生物》文集等。

李济（Li Ji，1896—1979）

字济之，中国现代考古学家。中国最早独立进行田野考古工作的学者。湖北钟祥县人。

1918 年毕业于清华学堂，随即被派往美国留学。曾在麻省克拉克大学学习心理学和社会学专业。1920 年入哈佛大学转入人类学专业。1923 年获博士学位，归国后在南开大学任教。1924 年开始从事田野考古，赴河南新郑对春秋铜器出土地点进行调查清理。1925 年任清华学校国学研究院人类学讲师。

1926 年发掘山西夏县西阴村遗址，这是中国学者第一次自行主持的考古发掘。1929 年初应聘为中央研究院历史语言研究所考古组主任，领导安阳殷墟等项发掘工作，造就了中国第一批田野工作水平较高的考古学家。1938 年被英国皇家人类学会推选为名誉会员。

1946 年以专家身份参加中国政府驻日代表团的工作，使战时被日本侵略军掠夺的古代文物回归祖国。1948 年被选为中央研究院院士。1948 年底，国民党政府将中央研究院院部和历史语言研究所强行迁往台湾省，他就长期滞留台湾。曾兼任台湾大学教授，并主办考古人类学系。

著有《殷墟器物甲编：陶器》上辑。与他人合作的有《古器物研究专刊》第一至五期、《西阴村史前遗存》、《李济考古论文集》等，英文著作有《中国民族的起源》（1923）、《中国文明的起源》（1957）和《安阳》（1977）等。

李庆芳（Li Qingfang，1877—1940）

字枫圃，山西襄垣人，早年肄业于山西晋阳书院，以附生入山西大学。

1904年赴日留学，获法学学士学位。归国后，应留学生考试，授法政科举人。后在山西创办女子学校、法政研究会、晋阳报馆、晋阳书局。1913年，拥护袁世凯，当选为众议院议员兼宪法起草委员，并创《民宪日报》。国会解散后，以记名道尹改就税务处帮办。

1916年国会恢复后仍任众议院议员。1917年11月被选为临时参议院议员兼任参议院秘书长、经济调查局参议，后任山西警察厅厅长。1927年任安国军政治讨论会会员。

1928年，任平津卫戍总司令部军事、外交、交通三处处长，抗日战争爆发后回山西。

李书华（Li Shuhua，1890—1979）

字润章，河北昌黎人。早年留法，学物理学，获法国巴黎大学理学博士学位。

1922年回国任北大教授、物理系主任、中法大学校长等职。1928年任中华大学副校长、北平大学副校长。1929年任北平研究院副院长。1930年任教育部政务次长，1931年任部长及中英庚款董事会董事。1932年任中国物理学会第一届理事会理事长。1943年任中央研究院总干事。

1953年自台湾移居美国，从事物理学研究。1979年在纽约病逝。著有《原子论浅说》《普通物理学讲义》《蜗庐集》等。

林是镇（Lin Shizhen，1893—？）

字志可，建筑师，福建长乐人。

1917 年，毕业于日本东京高等工业学校，曾任北平市工务局第一科并兼第二科科长；曾任伪华北政务委员会下属的建设总署都市计划局局长、华北建筑协会副会长。

林徽因（Lin Huiyin，1904—1955）

原名徽音。福建闽侯人。父林长民，早年留学日本，思想开明，善诗文书法，曾短时任北洋（段祺瑞）政府司法总长，与梁启超为友。

1920 年林长民赴欧洲考察，林徽因同行。在伦敦时，林徽因曾就读于圣玛利女校，并结识了正在英国留学的徐志摩。1921 年回国后入北平培华女中。此后，曾参加过一些"新月社"的文学活动，但不是新月社正式成员。

1924 年，梁启超、林长民共同邀请印度诗人泰戈尔访华，林徽因参加接待，并与林长民、徐志摩、张歆海等同台用英语演出泰翁诗剧《契特拉》，受到北平舆论界注意。1924 年秋，林徽因与梁思成同赴美国宾夕法尼亚大学留学，林入美术学院，同时选修建筑课程，后曾被该校建筑系聘为设计课助教。

1927 年林毕业于宾夕法尼亚大学，同年转入耶鲁大学，师从 G.P. 帕克教授习舞台美术。

1928 年，与梁思成在加拿大渥太华市结婚，随即到欧洲旅游。同年夏，回国后与梁共同创办并任教于东北大学建筑系，不久因肺病回北平休养。1930 年与梁思成一同加入中国营造学社。

1931—1937 年多次参加学社的野外调查活动，如大同华严寺、善化寺及云冈石窟，正定隆兴寺、洛阳龙门石窟、山西晋汾地区古建筑、陕西西安碑林、药王山石窟、五台山佛光寺等一些重大的古建筑调查活动。同时曾为北平的学术、文化界和西方听众做过多次介绍中国古建筑的中、英文讲演。同一时期，林徽因开始在文坛上崭露头角，几年内发表了相当数量的文学作品，包括白话诗、散文、话剧、小说及文艺评论等，并逐渐成为北方文学界一位有影响的作家、评论家和活动家。

1936 年被聘为《大公报》文学奖评委员会委员。抗日战争爆发后，林徽因、梁思成举家迁往西南大后方，先后居留于昆明和四川宜宾乡下，因辗转旅途劳累和战时清苦生活，林徽因旧疾复发。1941 年起即长期卧病，从此没有恢复健康。

1944 年在宜宾李庄时，于病榻上协助梁思成完成了《中国建筑史》的写作。

1946 年于抗战胜利后同梁思成回到北平。随后，林徽因协助梁思成创办了清华大学建筑系。1947 年，因结核菌侵入，切除一肾，术后更加虚弱。

1949 年以后林徽因历任清华大学建筑系教授、北京市人民代表大会代表、第二次全国文艺工作者代表大会代表、北京市都市计划委员会委员、人民英雄纪念碑建筑委员会委员、中国建筑学会理事等职。还积极参与了中华人民共和国国徽、天安门人民英雄纪念碑的设计工作，并发表了若干关于建筑学的文章；此外，还倡导并亲自参加了景泰蓝等传统手工艺品的设计改良试验。所有这些工作，林徽因都是扶病坚持进行的。

林徽因的文学手稿，有不少已在历次政治运动中毁失，其存世作品均已收入《林徽因诗集》(人民文学出版社)、《林徽因文集·文学卷》《林徽因文集·建筑卷》(百花文艺出版社 1999 年版)，她与梁思成合写的建筑学著作均已收入《梁思成全集》(中国建工出版社 2000 年版)、《凝动的音乐》(百花文艺出版社 2009 年版)。

1955 年 7 月病逝。

林行规（Lin Xinggui，1882—1944）

字斐成，浙江鄞县人。毕业于京师大学译学馆，又赴英国伦敦大学学习，获法学学士学位。回国后历任大理院推事、法律编查会编查员、北京大学法科学长。

1915年任北京政府司法部民事司司长。1916年任调查治外法权委员会专门委员。后在北平执行律师业务，为北平著名的大律师。

陆根泉（Lu Genquan，1898—1988）

上海浦东人。自幼家境贫寒，在上海久记营造厂做水泥匠，后自己开业，厂号陆根记。曾承包上海百乐门舞厅工程。

1935年后在南京承包褚民谊、汪精卫住宅工程。1937年到昆明，曾承包了一些大工程如南屏影院等。1945年，与人合伙组织"谊安公司"。因走私被军统查出，但戴笠看中了他，他亦因此揽到很多特工工程，最终加入特工。被毛人凤（军统首脑人物）授予"少将"军衔。抗日战争胜利后承包了大量军事工程。

1949年赴台，后卒于台湾。

黎重光（Li Chongguang，1903—1983）

原名绍基，湖北黄陂人，民国临时大总统黎元洪长子。1920年去日本东京求学，三年后回天津，入南开大学读书，毕业后曾任济南鲁丰纱厂和中兴煤矿公司董事长等职务。

新中国成立后，他先后从香港调回轮船五艘，重建中兴轮船公司，任董事长，致力于祖国航运事业的发展，1956年曾受到周恩来总理的接见。

生前曾任上海市侨联委员、上海市工商联常委、徐汇区侨联主席、区政协第五届副主席和中国民主建国会委员。

马衡（Ma Heng，1881—1955）

浙江鄞县人，考古学家，早年曾任北京大学国学门考古研究室主任。

1924年溥仪出宫后，他就参加清室善后委员会点查古物的工作。1933年任故宫博物院院长。曾推迟国民党政府抢运文物工作，使故宫珍宝留在大陆。1949 年后，被调任文物整理委员会主任。曾指导南下接收工作团从国民党政府运往台湾的残留文物中，选择精品运回北京。

马世杰（Ma Shijie，生卒年不详）

字竹铭，马佳氏，满洲镶黄旗，父绍英[1]。玉器专家，故宫博物院老职员。马世杰精于古瓷器及玉器，是故宫博物院鉴定委员会的专家。

马辉堂（Ma Huitang，1870—1939）

名文盛，号辉堂，河北深州人，生于清同治初年，卒于七七事变后。出身于我国营造世家，兴隆木厂末代厂主。兴隆木厂始建于明永乐年间。据故宫档案记载，明代营建故宫有其先世马天禄，清代兴建承德避暑山庄有其先世马德亮。马辉堂本人曾参加过清末颐和园的兴建，慈禧、慈安、光绪陵的修建。当时，清王朝财政已极端困难，光绪陵的修建未能按计划完成，修建费尚欠白银二十万两，至终未能偿还兴隆木厂。

清代皇家工程由八大柜和四小柜承包。八大柜有兴隆、庆丰、宾兴、德利、东天河、西天河、聚源、德祥八大木厂。四小柜有艺和、祥和、东升、盛祥四小木厂。

其中兴隆是领柜，即皇家工程统由兴隆向工部总承包，再分包给其他厂商。清代的木厂，实际上是一个各工程配套齐全的施工单位。有大木作、小木作、瓦作、石作、彩画作等各作头目，尚有擅长园林叠石的专门人才及风水先生。厂主[2]通过柜房领导各作头目，各头目下面又有一班人马。兴隆木厂之所以为领柜，与马辉堂本人的经历有关。

马辉堂四岁丧母，由继母带大，不幸又于六岁丧父。孤儿寡母在大家族

---

① 绍英（1861—1925），清光绪、宣统两朝度支部侍郎、逊清廷内务府总管大臣。

② 清时称东家。

中倍受欺凌，从小就到柜上和学徒一起干活，分家时便将当时很不景气的兴
隆厂分给他。他接手木厂后惨淡经营，得到了当时亲王们和慈禧的喜爱及信任。
又因马本人从学徒做起，精通各作活路，并能了解匠人的甘苦，能团结各作
匠师。据马辉堂之孙马旭初先生介绍，马一生注重慈善事业，宽厚待人，不
以金钱为重。

　　民国后，马关闭了兴隆木厂，但仍有不少清室后人为工程事务找他，因而
又开办恒茂木厂，由其子马增祺经营。1949 年前施工承包了不少古建筑的维修
工程。有天坛祈年殿、"金鳌""玉蝀"牌楼、雍和宫、国子监、东西四牌楼、
北海公园、中山公园、中南海修建工程等。由马辉堂个人出资维修的有广济寺、
戒台寺、潭柘寺等寺庙。①

孟锡珏（Meng Xijue，1874—?　）

　　字玉双，河北宛平（今属北京）人。

　　1898 年，戊戌科进士，授翰林院编修。曾任江北提督署总文案兼督练总参议、
奉天盘圯驿垦务总办、奉天提学使、津浦铁路总文案。民国成立后，曾任津浦
全路总办、北京政府交通部参事、交通银行董事。1914 年 7 月，任肃政厅肃政使。
1917 年 11 月，任临时参议院议员。

　　1921 年，为北京有轨电车的创办人之一。1927 年，任电车公司商股常务
董事，九一八事变后辞去常务董事。曾为北京市的交通事业出力。他是民国时
期有名的书法家，爱好吟诗作画，为北平文化界名流。

彭济群（Peng Jiqun，1896—1992）

　　字志云，奉天（今辽宁）铁岭人，早年留学法国，入巴黎建筑学校，毕业
后留校任工程师。回国后，历任中央观象台气象科科长、私立北京中法大学数

---

①　资料由马旭初提供。马旭初先生是马辉堂之孙，从事古建维修复建工程工作，北京市政府离休高级
　　工程师。

学教授。

1929 年 11 月任国立北平研究院天算部部长，同时被聘为水利研究会会员。1930 年 3 月任辽宁省政府委员兼建设厅厅长，去职后，任葫芦岛港务处处长。1931 年 5 月，出席国民会议。1936 年 2 月任国民政府华北水利委员会委员长。1941 年 9 月任行政院全国水利委员会委员。1945 年 9 月任嫩江省政府委员兼省政府主席。

1947 年 7 月派为国民大会代表、立法院委员、嫩江省选举事务所主任委员，9 月任国民政府主席东北行辕秘书长，10 月任东北行辕政务委员会委员。1949 年 9 月派为东北"剿匪"总司令部政务委员会委员、常务委员。

辽沈战役后，在沈阳被俘，后转入抚顺战犯管理所，接受教育改造。1950 年"带罪设计"松花江大桥，后被安排在水电部工作，并被选为全国政协委员。1992 年于北京去世。

钱馨如（Qian Xinru，生卒年不详）

原基泰工程司的工程师，后自己在天津开办申泰兴记营造厂，厂址在天津日租界。1934 年 4 月，在北平注册。

裴善元（Qiu Shanyuan，1890—1944）

字子元，出生于清同治年间。民国元年（1912 年），曾任北京教育部科长，该年教育部设立历史博物馆，初建馆时裴任馆长。

1928 年，历史博物馆改由中央研究院领导，管理亦改为委员会制。委员由中央研究院聘任，委员长李济，委员陈寅恪、裴善元、董作宾、徐中舒。裴负责日常事务。博物馆收藏陈列品二十一万五千八百七十七件，分金、石、玉、甲骨、刻石、陶瓷、明器、碑帖、图画、御用品等二十六大类，均为珍品。馆址在天安门内午门楼上，及端门以内东西朝房。

1949 年后，历史博物馆与故宫博物院合并。

桥川时雄（Hashikawa Tokio，1894—1982）

字子雍，日本汉学家，1914 年毕业于日本福井师范学院。1918 年到中国留学。1923 年任《顺天时报》编集局长。1927 年在北平私人创办《文字同盟》期刊。1928 年任东方文化事业总委员会 ① 勤务。1930 年以东方文化总委员会身份加入营造学社。1933 年任该会总务委员，主编《四库全书提要》。

九一八事变以后，梁思成坚决反对与日方有任何形式的交往。于 1934 年 6 月桥川离开学社。

1946 年抗日战争胜利后，重庆政府接收了"东方文化事业总委员会"的一切设施，桥川亦被遣返回日。回日后，曾在京都女子大学、大阪市立大学、天理大学、关西大学等校任教，讲授中国文学。1973 年，获三等勋章。

著有《陶集源流刊布考》《异国物语考译》《楚辞》《中国文化界人物总鉴》《四库全书纂修考》等。

钱新之（Qian Xinzhi，1885—1958）

字永铭，浙江吴兴人，早年留学日本。

---

① 东方文化事业总委员会，初为中日官方合办的文化交流机构。1924 年由日外务省与中国驻日公使汪荣宝协商议定；中方委员有邓萃英、汤中、王树楠、王式通、王照、柯劭忞、贾恩绂、江庸、胡敦复、郑贞文、熊希龄 11 人担任。日方委员会有入迟达吉、服部宇之吉、大河内正敏、太田为吉、狩野直喜、山崎直方、濑川浅之进 7 人担任。遂将原由日本外务省领导下准备开展的以下几项工作移交该机构办理：（1）补助中国留日学生经费（2）在东京和京都两地设立东方文化学院（3）在北京设立人文科学研究所及在上海设立自然科学研究所（4）中日双方人员互访。总委员会设在北平，柯劭忞任委员长，濑川浅之进、邓萃英为总务委员。1927 年，在北京成立人文科学研究所。柯劭忞任总裁，服部宇之吉、王树楠任副总裁。人文所当时开展的主要工作是编修四库全书提要。曾参与工作的除人文所的成员外，有陈垣、江翰、胡玉缙等汉学家及史学家。东方文化事业委员会的工作除文化交流外，日方人员还负有通过各种手段收集我国古籍的任务。陶湘涉园藏书中丛书部分，共五百七十四种，其中包括宋刊本《百川学海》及明抄本《儒学警悟》两部中国丛书鼻祖，全部被东方文化总委员会京都东方文化学院所囊括。1928 年 5 月"济南事件"后，中方委员全部退出该委员会。工作一度停顿。后柯劭忞个人协助日方人员，又恢复了工作。1946 年抗日战争胜利后，没收了该委员会的全部设施，日方人员也全部被遣返，其图书大部分保存在中国科学院社科部图书馆。

1917 年，与蔡元培等发起组织中华职业教育社，任董事长，继任交通银行经理。曾为蒋介石发动"四·一二"政变筹款，并任财政部次长，全国实业银行常务董事。1929 年辞官经商，任中兴煤矿公司总经理、中兴轮船公司董事长。"西安事变"发生后，钱为营救蒋介石多方奔走，抗日时任国民参政员、交通银行董事长等职。1948 年与杜月笙筹建复兴航业公司任董事长。1949 年后赴香港将复兴航业公司迁至台湾。

1958 年病逝于台北。

任凤苞（Ren Fengbao，1876—1953）

字振采，江苏宜兴人，老交通系成员、银行家。民国初年任交通银行助理，抗日战争后担任盐业银行董事长。因为朱启钤曾任北洋政府交通总长，任是他的同寅旧属，与朱交往颇深。

任鸿隽（Ren Hongjun，1886—1961）

字叔永，出生于四川省垫江县。

1908 年赴日本。1909 年入东京高等工业学校应用化学科，并加入中国同盟会任四川支部长。武昌起义后归国。1912 年，南京临时政府成立，任总统府秘书。后赴天津，任《民意报》编辑。1913 年 10 月留学美国，入康奈尔大学主修化学。同年，入哥伦比亚大学研究院，次年获化学硕士学位。

1918 年回国。历任北京大学化学教授兼教育部专门司司长、上海商务印书馆编辑、中华教育文化基金董事会董事兼干事长、社会调查所委员长、国立东南大学副教授、四川大学校长等职。

1938 年任中央研究院总干事兼化学研究所所长。

中华人民共和国成立后，任全国政协委员，上海市科联主任委员，上海图书馆馆长等职。

荣厚（Rong Hou，1875—1945）

字叔章，朱启钤盟弟。九一八事变前任吉林省财政厅厅长，后任伪满中央银元售与。伪满中央银行实为日本正金银行的满洲支行。朱启钤曾采集收藏了一批珍贵的丝绣珍品，1928 年因经济困难将这批丝绣以二十万银元售与东北边业银行，条件是边业银行必须长期保存，不得转卖给外国人。九一八事变后，这批丝绣也就随边业银行落入日本正金银行手中。荣厚利用其职务及与正金银行的关系，设法以伪满洲国名义宣布这批丝绣为"国宝"，将它长期藏在沈阳正金银行金库中，未被运往日本，从而将这批国宝保存下来。现在这批丝绣保存在辽宁省博物馆。

宋华卿（Song Huaqing，生卒年不详）

马辉堂徒弟，天津人，兴隆木厂的账房先生。抗日时期任兴顺木厂经理，承包古建维修等工程。

松崎鹤雄（Matsuzaki Tsuruo，1867—1949）

日本人，早年结识叶德辉，曾拜叶为师，研习汉学。1920—1932 年在大连图书馆[①]任职。以大连图书馆司书身份，通过各种渠道为日方收集我国古籍。与我国文化界名流如黄晦闻、沈兼士、杨遇夫、陈垣、袁守和、钱稻孙、胡玉缙、程白葭、江翰、叶德辉、柯劭忞、阚铎、瞿兑之等交往频繁，尤与叶德辉、柯劭忞、程白葭、黄晦闻、阚铎、瞿兑之等有深交。

1930 年加入营造学社。九一八事变后，梁思成坚决反对与日方有任何形式的交往，他遂于 1934 年 3 月后离开学社。著有《石经·诸碑——隋唐辽金元碑》《云居寺的石经和房山诸碑》等。

[①]　当时大连为日租界。

孙洪芬（Sun Hongfen，1889—1953）

名洛，字洪芬。安徽黟县人。

1914 年毕业于武昌文华书院。1915 年留学美国。1919 年回国，先后任南京高等师范学校、国立东南大学等校教授，国立中央大学理学院院长，中央大学、武昌文华图书馆专科学校等校董事。1927 年主持上海江南造纸公司厂务。1929 年任中华教育文化基金董事会执行秘书、干事长。

抗战胜利后，任国民政府农村部顾问。1952 年赴台湾，任台南省立工学院教授兼院长秘书、教务主任。

孙壮（Sun Zhuang，1879—1938）

字伯恒，河北大兴人。国子监学生、同文馆北京大学堂毕业，北京商务印书馆经理、书业工会委员、中国文化建设协进会北平分会委员、考古学社社员。著有《永乐大典考》（北平图书馆附刊）、《版籍丛录》（教育会报附刊）、《读雪斋藏吉印》（商务印书馆版）、《雪园藏吉语印谱》（自印本）、《澄秋馆吉金录》（商务印书馆版）、《我之宗教观》（商务印书馆版）、《北京风土记》（商务印书馆版），《集拓魏石经》（古光阁出版）等，尚有部分未刊稿。孙家藏彝器甚丰，印有《北平孙氏雪园藏器》（1935）。

唐在复（Tang Zaifu，1878—1962）

字心畬。上海人，毕业于北京同文馆，后赴法留学，毕业于巴黎大学。回国后历任驻法、俄、荷兰等国使馆随员、参赞等职。后任驻法使馆书记官、代办使，驻荷兰代办使，陆军部驻法留学生监督，外务部右参议。1912 年任外交部秘书。1913 年 12 月任驻荷兰公使。1921 年调驻意大利公使。1925 年去职后任北京政府外交部编纂处处长。后寓居上海。

1956 年任上海文史馆馆员。

陶湘（Tao Xiang，1871—1940）

字兰泉，号涉园，浙江慈溪人。近代藏书家、刻书家。

以县学生保送鸿胪寺序班，后至道员。历任京汉路养路处总办、上海三新纱厂总办。辛亥革命后，历任招商局、汉冶萍煤矿董事、天津中国银行经理、天津裕元纱厂经理等职。

雅好藏书、刻书，所收不重宋元古本，而以明本及清初精刊为搜求大宗，尤嗜毛氏汲古阁刊本、闵氏套印本、武英殿本、开花纸本等。藏书处名"涉园"，藏书有三十万卷，讲求版本精良，装潢美观，经其整修古书被称为"陶装"。刻印书籍极多，有《儒学警悟》六种、《宋金元明本词》四十种、《程雪楼集》、《百川书屋丛书》十六种《百川学海》一百种《营造法式》《喜咏轩丛书》三十九种、《涉园墨萃》十二种、《拓跋廛丛刻》十种、《陶氏书目丛刊》十五种等，另有《昭代名人尺牍续集》等，共计二百五十种。与罗振玉、徐乃昌等，均为民国后以一己之力刊布古籍最多之藏书家。陶湘刻书贵在质、量均佳，不仅校订精良，且无一不讲究纸墨、行款，装订务求尽善尽美。

1919年，朱启钤因"丁本"《营造法式》未臻完善，因而嘱陶湘搜集诸家传本详校付梓，是为"陶本"《营造法式》。陶湘称这项工作"时阅七年，稿经十易，视钱氏所称费钱五万者奚啻"。可见"陶本"的问世，不管在人力上抑或财力上都做出巨大的投入。

陶湘除藏书、刻书外还著有《故宫殿本书库现存目》三卷，另外考订有《清代殿版书目》《武英殿聚珍版书目》《武英殿袖珍版书目》，并撰《清代殿本书始末记》一文。

陶湘晚年闲居无事，为还清银行债务，逐年出售藏书。自1923—1931年间，藏书逐渐散去。殿版及开花纸本售与北平文求与直隶两家书肆。丛书部分为日本东方文化学院京都研究所囊括而去，共五百七十四种，二万七千九百册，其中包括宋刊本《百川学海》与明抄本《儒学警悟》两部中国丛书鼻祖。

1949年后，最后的一部分"涉园"精本及"涉园"所刻木版，经陈叔通先生介绍，由陶湘之子陶祝年将这批文物全部捐给国家文物局。陶氏后人亦不复知"涉园"余书及木刻版的收藏情况。

王荫樵（Wang Yinqiao，生卒年不详）

著有《西京游览指南》，其余生平不详。

汪申（Wang Shen，1895—1989）

字申伯，徽州婺源人。

1925年，毕业于法国建筑高等专业学校，获工学士学位。建筑工程师兼史学研究会会员。历任北平大学艺术学院建筑系主任教授、旧都文物整理委员会副处长、故宫博物院建筑技师、北平市政府工务局长、中法大学工务主任兼文学院名誉教授。

吴延清（Wu Yanqing，生卒年不详）

名言钦，字延清，江苏人，曾任金城银行经理。

吴其昌（Wu Qichang，1904—1944）

字子馨，浙江海宁人，金文、甲骨文学家。清华大学研究生院毕业。北京考古学社、中国博物馆协会及北平禹贡学会会员。历任天津南开大学、北京辅仁大学、国立清华大学讲师、国立北平图书馆特约编纂委员及国立武汉大学教授。著有《金文世族谱》二卷、《金文历朔疏证》八卷、《甲骨金文中所见的殷代农稼情况》等。

吴泰勋（Wu Taixun，1912—1949）

黑龙江督军吴俊升之子。军人，东北讲武堂毕业，朱启钤九女婿。

温德（Robert Winter，1887—1987）

美国芝加哥大学硕士，历任美国西北大学、芝加哥大学教授，南京国立东南大学英文系主任教授。1925年到国立清华大学外国语文系任教。1952年大专院校院系调整时外语系并入北京大学，温德也随系到北京大学任教直至病逝。

翁初白（Weng Chubai，? —1965）

1930年，毕业于燕京大学英国文学系。后经瞿兑之介绍入社。

许宝骙（Xu Baokui，1909—2001）

浙江杭县人。1930年经瞿兑之介绍入社。1932年毕业于燕京大学哲学系。"一·二九"学生运动领袖人物之一。

先后任教于中国大学、中法大学、北京大学。自大学期间直至建国以前，一直为中国共产党做地下工作。抗日时期，地下党曾通过许宝骙做殷同（敌伪建设总署署长）的工作，要他多搞建设，维修古建筑，削弱敌伪财力。殷同委任他的下属刘南策（总署处长）主持测绘了北平故宫。新中国成立后，许宝骙为民革中央常务委员、全国政协常务委员，曾任《团结报》社长。

夏昌世（Xia Changshi，1903—1996）

广东新会人，曾留学德国，1928年在德国卡尔斯普厄工业大学建筑专业毕业并考取工程师资格。1932年在德国蒂宾根大学艺术史研究院获博士学位。回国后于1932—1939年在南京任铁道部、交通部工程师。1940—1941年任国立艺专、同济大学教授。1942—1945年任中央大学、重庆大学教授。1946—1952年任中山大学教授，1952年起改任华南工学院教授，1973年8月移居德国弗赖堡市。

1996年12月病逝于德国。

徐敬直（Xu Jingzhi，1906—1983）

原籍广东香山，生于上海。1927 年进入美国密歇根大学建筑系学习，取得学士学位；1931 年进入美国匡溪艺术学院建筑系学习。

1932 年 4 月加入中国建筑师学会。1933 年 3 月，与李惠伯、杨润钧合办兴业建筑师事务所，担任总经理兼建筑师。1935—1937 年，成为中国营造学社社员。抗日战争期间避居西南，1946 年回到上海。1949 年后前往香港定居，1956—1957 年担任香港建筑师学会第一任会长、香港扶轮社主席、美国建筑师学会名誉会员。

徐敬直参与设计的主要作品有：南京中央农业实验所、上海实业部鱼市场、南京中央博物院、中国银行昆明分行职员宿舍及一些军事工程等建筑。

徐新六（Xu Xinliu，1890—1938）

字振飞，浙江杭州人，上海南洋公学毕业。

1908 年赴英留学后又留学法国。1914 年回国在财政部任职兼北京大学教授。1919 年出席巴黎和会任赔款会议中国专门委员。曾协助梁启超组建中比公司。1921 年加入兴业银行，后任总经理。曾任中华教育基金会董事执行委员、银行学会常务理事、中国太平洋国际学会副委员长。1938 年 8 月，自香港乘飞机赴渝途中因日机截击身亡。

徐世章（Xu Shizhang，1889—1954）

字端甫，徐世昌的堂弟，天津人。早年入北京同文馆学习，后赴意大利留学。曾任京汉铁路管理局副局长、津浦铁路管理局局长。1920 年任交通部次长，兼任交通银行副总经理、国际运输局局长。1921 年任印制局总裁。1929 年去职后长居天津。

叶揆初（Ye Kuichu，1874—1949）

藏书家、银行家。1915 年任兴业银行董事长。1926 年，经叶与其他董事的努力，兴业银行居于全国商业银行的首位。抗战胜利后，对蒋介石发动内战不满，抗拒摊派垫款，抨击"法币政策"，批评政府的腐败、无能等，因之与政府关系疏远。他主持的兴业银行在经营上以振兴实业为宗旨，是钱塘江大桥的主要筹建单位，努力为建桥筹借贷款。

叶恭绰（Ye Gongchuo，1881—1968）

字誉虎，广东番禺人。京师大学堂仕学馆毕业。

光绪三十二年（1906年）捐通判，调任邮传部总务股帮稿兼编案处办理京汉铁路事宜等职，旋升芦汉铁路（即京汉铁路）督办。民国成立后，曾任交通部次长、总长兼交通银行经理。1915年，赞助袁世凯称帝，任大典筹备处委员。洪宪帝制失败，被免职。后任冯国璋秘书。

1917年7月张勋复辟，叶在马厂办理军事运输事务，任段祺瑞讨逆军总司令部交通处长。1920年至1922年，连任靳云鹏、梁士诒、颜惠庆内阁的交通总长，被视为交通系骨干之一。1921年交通大学成立，由叶兼领校长。1922年5月任广东政府财政部长。1924年段祺瑞任临时执政时，叶任交通总长。1927年国民党南京政府成立后，任关税特别会议委员会委员、中华全国铁路协会常委、国学馆馆长。

1931年中英庚款董事会正式成立，叶为董事之一，积极为营造学社筹款。学社经费实际由叶掌管。1949年后任历届全国政协常委、中央文史馆馆长。

著有《退庵汇稿》《交通救国论》《历代藏经考略》等，另编有《全清词钞》。

叶公超（Ye Gongchao，1904—1981）

原名崇智，广东番禺人。叶恭绰之继子。

1920年赴美读书。1926年获美国哈佛大学硕士学位，同年又获英国剑桥大学文学硕士。1926年在芝加哥加入国民党。曾任暨南大学外国文学科主任，清华大学英国文学系教授、图书馆馆长，北京大学西语系教授及系主任，国民政府外交部欧洲司司长、外交部次长。与梁思成、林徽因过往甚密。1949年后去台，1981年病故于台北。

著有《中国古代文化生活》《英国文学中之社会原动力》《叶公超散文集》等。

叶瀚（Ye Han，1861—1933）

浙江杭县人，字浩吾。曾在张之洞幕下，与辜鸿铭、汪康年等同时受到张之洞的重用。光绪二十七年（1901）去上海创办速成师范学校，开办三年间，毕业生多赴日留学。当时，国内人士主张赴欧美深造，但叶瀚力主学生留日。后去云南，再赴日本。回国后受聘于北京大学，教授中国美术史达十四年之久。后因病离职回杭，任浙江大学教授。

平生淡泊，颇受学生崇敬。南京教育部因其在学术界的功绩颇多，并希望他完成美术史的著述，曾以特别编修的名义对其生活与研究给予资助，其关于美术史的著述未及发表即逝。译著甚多，有《世界通史》《泰西教育史》《天地歌略》《地学歌略》《质学丛书》等。

杨廷宝（Yang Tingbao，1901—1982）

字仁辉，河南省南阳县人。建筑学家。

1921年，在清华学校毕业后留学美国宾夕法尼亚大学建筑系，求学期间多次获得全美建筑系学生设计竞赛的优胜奖。1926年赴欧洲考察建筑。1927年回国，加入基泰工程司任建筑设计方面的负责人之一。1940年起兼任中央大学建筑系教授。

中华人民共和国成立后，历任南京大学工学院建筑系主任（1949—1952）、南京工学院建筑系主任（1952—1959）及副院长（1959—1982）、建筑研究所所长（1979—1982）、江苏省副省长（1979—1982）等职。

1953年起当选为中国建筑学会第一至四届理事会副理事长、第五届理事长。1955年当选为中国科学院技术科学部委员。1957年和1961年两次当选为国际建筑师协会副主席。中华人民共和国第一届至第五届全国人民代表大会代表。

　　从事建筑设计五十多年，主持和参加设计过为数众多的建筑项目。从 20 世纪 20 年代后期起，设计有南京的中央医院、中央体育馆、中央研究院地质研究所，北京的交通银行、清华大学图书馆扩建工程，京奉铁路沈阳总站等。20 世纪 50 年代初期设计的北京和平馆对中国现代建筑设计颇有影响。他参加过北京的人民大会堂、人民英雄纪念碑、北京火车站、北京图书馆、毛主席纪念堂等建筑工程方案设计。一生主持参加、指导设计的建筑工程共百余项，在中国近代、现代建筑史上负有盛名。他主编的《综合医院建筑设计》（1978），创作的《杨廷宝水彩画选》（1982）、《杨廷宝素描选集》（1981）、《杨廷宝建筑设计作品集》（1983）均已出版。

袁同礼（Yuan Tongli，1895—1965）

　　字守和，河北徐水人，早年入北大预科。1916 年毕业后入清华图书馆工作。1920 年，赴美哥伦比亚大学学习，获文学学士。后又转学纽约州立图书馆专科学校，毕业后在华盛顿国会图书馆任职数月。赴欧洲考察图书馆、博物馆一年。归国后，任岭南大学、北京大学图书馆长，中华图书馆协会董事、执行部长等职。

　　1929 年任国立北平图书馆副馆长。1934 年兼故宫博物院图书馆长。1945 年任国立北平图书馆长。1949 年后一直在美国国会图书馆工作。1965 年卒于华盛顿。

　　著有《西文汉学书目》《国会图书馆藏中国善本书目》等。

朱家骅（Zhu Jiahua，1892—1963）

　　字骝先，浙江吴兴人。1912 年留学德国学地质。1924 年回国任北京大学地质系教授兼德文系主任。1927 年任广东民政厅厅长兼中山大学副校长。1929 年当选为国民党中央委员和中央政治会议委员。历任国民政府教育部长、交通部长、浙江省主席，曾主持制定各种教学法规。

1931 年中英庚款董事会成立后任董事长。1939 年负责国民党组织部并兼任中央调查统计局局长。1949 年随国民党政府逃往台湾，1963 年病逝于台北。

庄俊（Zhuang Jun，1888—1990）

字达卿，原籍宁波，生于上海。

1908 年在上海南洋中学毕业。1909 年考入唐山路矿学堂（即唐山交通大学前身，现西南交通大学）。1910 年留学美国，1914 年毕业于美国伊利诺伊大学建筑工程系，获学士学位。1914—1923 年任清华学校建筑师。1923 年赴美国哥伦比亚大学研究院进修。

1925—1949 年在上海经营庄俊建筑师事务所，并先后在上海交通大学和大同大学兼课。中华人民共和国成立后，担任交通部华北建筑工程公司和中央设计院（建工部建筑设计院前身）总工程师。1953 年起，任华东工业建筑设计院总工程师。

1958 年退休后，编写《英汉建筑工程名词》，并于当年出版。

他在上海经营建筑师事务所期间，曾设计过多所银行建筑，如上海和汉口的金城银行，哈尔滨、大连、青岛、济南的交通银行，汉口的大陆银行等；还设计了上海的大陆商场（今东海大楼）、上海妇产科医院（今长宁区妇产科医院）、交通大学办公楼和虹口公寓等住宅建筑。

庄俊是早期创办建筑事务所的中国建筑师之一。1927—1949 年中国建筑学会成立后，连续当选为会长。

周作民（Zhou Zuomin，1884—1955）

原名维新，江苏淮安人。

1899 年入东文学堂就读。1902 年秋，赴粤入广东公学。1906 年赴日入京都第三高等学校毕业后归国。1908 年在南京政法学堂任翻译。1912 年任南京临时政府财政部库藏司科长，1913 年升任该司司长。1915 年任交通银行稽核课主任。1917 年任金城银行总经理。1918 年任"安福国会"参议院议员。其后，兼任财政调查会委员、京师总商会会长。

1932 年，任东北政务委员会委员。1935 年任冀察政务委员会委员。1937 年抗日战争爆发后任农产调整委员会主任委员，在上海租界指挥沦陷区金城银行各地分支行。1941 年太平洋战争爆发时在香港被日军拘留。1942 年 3 月被遣送回上海。

1943 年被汪伪政府全国经济委员会任命为委员，3 月被指派为汪伪政府全国商业统制总会监事（均未到职）。1948 年去香港。

1951 年 6 月受邀为全国政协委员，9 月任公私合营"北五行"联合董事会董事长。1952 年 12 月，六十家合营银行和私营银行成立公私合营，任联合董事会副董事长。1955 年病逝于上海。

周诒春（Zhou Yichun, 1883—1958）

字寄梅。安徽休宁人。上海圣约翰大学毕业后赴美留学，先入耶鲁大学，继入威斯康星大学。1911 年参加清廷留学生考试，点翰林。次年任南京临时政府外交部秘书。1913 年任北京清华学校校长，历任参议院议员、北京中孚银行经理、整理财政委员会秘书长、关税特别会议委员会专门委员等职。

1925—1938 年，任中国文化教育基金保管委员会常务董事、副董事长兼执行委员。1933 年任国民党政府实业部次长。抗日战争期间，被贵州省政府主席吴鼎昌聘为财政厅厅长。

1945 年后任国民党政府农村部长、卫生部长，主张"实业救国""教育救国"。1948 年赴香港。1950 年回上海。1956 年出任全国政协特邀委员。1958 年在上海病逝。

张文孚（Zhang Wenfu, 1898—1995）

字叔诚，直隶通县（今属北京）人，曾就读于南开中学，与周恩来同学。

　　1922 年，任山东枣庄中兴煤矿公司监察人，后任董事，为中兴煤矿大股东之一。1926 年任总公司协理，1930 年兼驻矿委员。1938 年华北沦陷后回天津家居，拒绝与日本人合作。1946 年，复任中兴煤矿常务董事兼中兴轮船公司董事。1949 年后，任天津市政协委员。

　　爱好文物数十年，致力于文物收藏与研究，善于鉴别真赝。1981 年，将其收藏全部捐献给国家。

张学良（Zhang Xueliang，1901—2001）

　　字汉卿，号毅庵。辽宁海城人。爱国将领。1919 年入东三省陆军讲武堂第一期炮兵科学习，毕业后任奉军将领。1928 年 12 月宣布"东北易帜"，被国民政府任命为东北边防军司令长官。1929 年 1 月，任东北政务委员会委员。1930 年初任东北军空军司令。同年 10 月任中华民国陆海空军副总司令。

　　1936 年发动西安事变，后被蒋介石囚禁，挟去台湾。1995 年离台，侨居美国夏威夷，直至去世。

张学铭（Zhang Xueming，1908—1983）

　　辽宁海城人，张学良胞弟，朱启钤的六女婿。国民党军将领。早年毕业于东北讲武堂、日本步兵专门学校。曾任中国驻日使馆见习武官，1929 年回国任天津市警察局长、市长，抗战胜利后任国民党政府东北长官司令部参议室中将主任、总参议等职。

　　1949 年后历任天津市建设局副局长，天津市市政工程局副局长、顾问，民革第五届中央委员、天津市委副主任委员。

张起飏（Zhang Qiyang，生卒年不详）

　　生平不详。

张万禄（Zhang Wanlu，生卒年不详）

曾任伪中华民国临时政府实业部秘书长。

章元善（Zhang Yuanshan，1892—1987）

字彦训，江苏吴县人。

1911 年毕业于清华学堂，后赴美国留学，毕业于康奈尔大学。1922 年任中国华洋义赈救灾会总干事、华北农业合作事业委员会主任、陕西农业合作事业委员会主任。1937 年任国民政府实业部合作司司长等。1945 年参与发起中国民主建国会，任常务理事。1949 年出席中国人民政治协商会议第一届会议，后任政务院参事，历任第二至六届全国政协委员。1987 年 6 月在北京逝世。

著有《实用公团业务概要》《实话一编》《乡村建设实验》等。

赵深（Zhao Shen，1898—1978）

字渊如，江苏无锡人，著名建筑师。

1919 年毕业于清华学校。次年赴美国，1923 年毕业于美国宾夕法尼亚大学建筑系，获硕士学位。1923—1926 年，在美国纽约、费城、迈阿密等地建筑师事务所工作，后去欧洲考察。1927 年回国，参加上海市中心规划工作并负责设计上海八仙桥青年会大楼。

1928—1930 年在范文照建筑事务所任建筑师，主持设计南京大戏院（现上海音乐厅）和南京铁道部办公楼。1930—1931 年开设赵深建筑师事务所，设计的主要工程有上海大沪旅馆等。1931 年同建筑师陈植合作开设建筑师事务所。1932—1952 年和建筑师陈植、童寯共同开设华盖建筑师事务所，共设计工程近二百项。

中华人民共和国成立后，赵深曾任华东建筑设计公司总工程师（1952—1953）、建筑工程部设计院总工程师（1953—1955）、华东工业建筑设计院副院长兼总工程师（1955—1978）；历任中国建筑学会第二至四届副理事长、中国人民政治协商会议第四、五届全国委员会委员。

赵深在中华人民共和国成立后，曾组织和指导许多重大工程设计，主要有杭州西泠饭店、苏州饭店、福州大学、泉州华侨大学、上海虹桥国际机场、上海电信大楼、上海嘉定一条街、赞比亚联合民族独立党党部大楼等。

赵雪访（Zhao Xuefang，生卒年不详）

名学普，字雪访。北京人。北京门头沟琉璃瓦厂厂主。赵氏先祖自山西迁京，元初建窑于宣武门外海王村，后扩增于西山门头沟琉璃渠村。承造元、明、清三朝皇家工程所用各色琉璃瓦件，历七百年之久。明各厂由朝廷派内官主管。琉璃厂除瓦饰外还生产琉璃片，供嵌窗户之用。入清后，以满汉官各一人主管琉璃亮瓦厂事，并豁免厂房官地租金。道光年间，城区厂窑废除，所有料件均统归西山窑厂烧制。厂主赵氏世居海王村琉璃厂，明清以来琉璃官署即设在此。赵雪访即赵氏后裔承继祖业。辛亥革命后琉璃官窑停歇。

赵世暹（Zhao Shixian，1898—约1962）

现代藏书家、水利学家、集邮家。字敦甫，自号琴城赵二，江西南丰人。20 世纪 20 年代供职于哈尔滨铁路局，曾发现宋本《金石录》并无私捐献给国家。

翟孟生（R.D.Jameson，1895—1959）

美国人，美国威斯康星大学学士、硕士。后曾在芝加哥大学、法国蒙彼利埃大学、英国国王学院等继续学习，先后任教于伦斯勒理工学院、爱达荷大学、格林内尔学院等，1925 年到清华大学外语系任教。著有《民谣歌手的足迹》（伦敦，1927）、《比较文学》（伦敦，1935）、《欧洲文学简史》（上海，1930）等。

中国营造学社出版物目录

一　中国营造学社汇刊

汇刊一卷一期 1930 年 7 月

栏目	篇　目	作者或整理者
插画	宋李明仲先生像	
专著	中国营造学社缘起	朱启钤
	中国营造学社开会演词附英译	朱启钤
	李明仲八百二十周忌之纪念	
书评	英叶慈博士营造法式之评论附汉译	
	英叶慈博士论中国建筑内有涉及营造法式之批评附汉译	
校勘	仿宋重刊营造法式校记	阚铎
征求	征求营造佚存图籍启事	
介绍	营造法式印行消息	
社讯	社事纪要	

汇刊一卷二期 1930 年 12 月

栏目	篇目	作者或整理者
插画	王观堂先生涉及营造法式之遗札	
论著	元大都宫苑图考	朱启钤、阚铎
校勘	叶慈博士据永乐大典本法式图样与仿宋刊本互校记附译文及北平图书馆刊记事	
讲演	伊东忠太博士讲演中国之建筑	
译丛	建筑中国式宫殿之则例美国亚东社会月刊	
社讯	社事纪要	
	本社收到寄赠图书目录	
	前期汇刊校记	

汇刊二卷一期 1931 年 4 月

栏目	篇目	作者或整理者
图样	圆明园遗物 万方安和模型与遗迹—远瀛观之过去与现在—安祐宫残甓—文源阁残石	
	乾隆御题生春诗图	
专著	圆明园遗物与文献 附大事年表 罹劫七十年纪念述闻	
	营造算例 缘起—庑殿歇山斗科大木大式做法—大木小式做法—大木杂式做法	梁思成整理
簿录	圆明园匾额清单	
译丛	乾隆西洋画师王致诚述圆明园事附法文	
校勘	任启运宫室考校记	
转载	英锡寇克氏介绍本社汇刊之传单	
本社纪事	营造辞汇商订之状况	
	琉璃瓦料之研究	
	圆明园遗物文献之展览	
	整理故籍之实况	
	勘验报告紫禁城南面角楼城台修理工程	

汇刊二卷二期 1931 年 9 月

栏目	篇 目	作者或整理者
图样	热河普陀宗乘寺诵经亭 仿建木模型—遗物全型—藻井—内檐装修—内檐上部—亭内之一角—蓝图平面—又上层平面—又半面木架剖面—又中央高部斗科木架平面	
专著	仿建热河普陀宗乘寺诵经亭记 附华洋文合同、工程图目录、做法、承造及各作领袖人之略历	
专著	参观日本建筑术语辞典编纂委员会记事	阚铎
专著	营造算例 土作做法—发券做法—瓦作做法—大式瓦作做法—石作做法—石作分法	梁思成整理
书评	法人德密那维尔氏评宋李明仲营造法式 附法文	
译丛	英人爱迪京氏中国建筑 附英文	
本社纪事	古瓦研究会缘起及约言	
本社纪事	寄赠书目	

汇刊二卷三期 1931 年 11 月

栏目	篇 目	作者或整理者
插图	梁任公先生题识营造法式之墨迹	
专著	工段营造录 附扬州画舫录涉及营造之记述识语校记	阚铎整理
专著	营造算例桥座分法、琉璃瓦料做法	梁思成整理
书评	园冶识语	
追加	美国亚东社会月刊建筑中国宫殿之则例（英文版）	
更正	乾隆朝西洋画师王致诚述圆明园轶事更正（法文版）	
本社纪事	十九年度本社事业进展实况附英文	
本社纪事	本社二十年度之改组	
本社纪事	建议请拨英庚款利息设研究所及编制图籍附英文	

汇刊三卷一期 1932 年 3 月

栏目	篇 目	作者或整理者
插图	朱桂辛先生六十造像	
论著	法隆寺与汉六朝建筑式样之关系	[日]滨田耕作著 刘敦桢译注
	玉虫厨子之建筑价值	[日]田边泰著 刘敦桢译注
	我们所知道的唐代佛寺与宫殿	梁思成
	旧京发现岐阳王世家文物纪事	瞿兑之
	哲匠录	梁启雄
	论中国建筑之几个特征	林徽因
通讯	刘士能论城墙角楼书	
	乐浪发掘汉墓近闻	
本社 纪事	社内事件	
	协助社外事件	
	本社收到寄赠目录	

汇刊三卷二期（独乐寺专号）1932 年 6 月

栏目	篇 目	作者或整理者
论著	蓟县独乐寺观音阁山门考	梁思成
	蓟县观音寺白塔记	梁思成
	日本古建筑物之保护	[日]关野贞讲 吴鲁强、刘敦桢译
	哲匠录	梁启雄
本社 纪事	社内事件	
	协助社外事件	
	本社征求营造佚存图书	
	本社收到寄赠图书	

汇刊三卷三期 1932 年 9 月

栏目	篇 目	作者或整理者
论著	北平智化寺如来殿调查记	刘敦桢
	大唐五山诸堂图考	[日]田边泰著 梁思成译
	哲匠录	梁启雄
杂俎	社长朱桂辛先生周甲寿序	瞿兑之
	大壮室笔记	刘敦桢
	琉璃窑轶闻	
本社纪事	社内事件	
	协助社外事件	

汇刊三卷四期 1932 年 12 月

栏目	篇 目	作者或整理者
论著	宝坻县广济寺三大士殿	梁思成
	开封之铁塔	龙非了
杂俎	故宫文渊阁楼面修理计划	蔡方荫、刘敦桢、梁思成
	琉璃釉之化学分析	〔英〕叶慈著 瞿祖豫译
	平郊建筑杂录	梁思成、林徽因
	大壮室笔记	刘敦桢
通讯	伯希和先生关于敦煌建筑的一封信	梁思成
本社纪事	社内事件	
	协助社外事件	
专件	梓人遗制	〔元〕薛景石著 朱启钤、刘敦桢校释

汇刊四卷一期 1933 年 3 月

栏目	篇　目	作者或整理者
论著	营造法式版本源流考	谢国桢
	福清二石塔	［德］艾克著 梁思成译
	万年桥述略	刘敦桢
	牌楼算例	刘敦桢校编
	哲匠录	梁启雄
杂俎	明代营造史料	单士元
	复艾克教授论六朝之塔	刘敦桢
本社纪事	社内事件	
	协助社外事件	

汇刊四卷二期 1933 年 6 月

栏目	篇　目	作者或整理者
论著	正定调查纪略	梁思成
	明长陵	刘敦桢
	哲匠录	梁启雄
杂俎	题姚承祖补云小筑卷	朱启钤
	明代营造史料	单士元
	同治重修圆明园史料	刘敦桢
本社纪事	河北省境内古建之调查、样式雷世家考之编辑、圆明园史料之搜集、哲匠录及明代史料、本社经费状况报告	

汇刊四卷三、四期合刊 1933 年 12 月

栏目	篇　目	作者或整理者
论著	大同古建筑调查报告	梁思成、刘敦桢
	云冈石窟中所表现的北魏建筑	林徽因、梁思成、刘敦桢
	哲匠录	梁启雄
杂俎	明代营造史料	单士元
	同治重修圆明园史料	刘敦桢
本社纪事	实物之调查、编印及史料之搜集、古籍之整理、杂项	

汇刊五卷一期 1934 年 3 月

篇　目	作者或整理者
赵县大石桥	梁思成
石轴柱桥述要（西安灞浐丰三桥）	刘敦桢
穴居杂考	龙非了
明代营造史料	单士元
修理故宫景山万春亭计划	梁思成、刘敦桢
抚郡文昌桥志之介绍	刘敦桢
存素堂入藏图书河渠之部目录	朱启钤

汇刊五卷二期 1934 年 6 月

篇　目	作者或整理者
汉代建筑式样与装饰	鲍鼎、刘敦桢、梁思成
定兴县北齐石柱	刘敦桢
泉州印度式雕刻	［印度］库玛拉耍弥著 刘致平译
哲匠录	刘儒林

篇　目	作者或整理者
东西堂史料	刘敦桢
明代营造史料	单士元
本社纪事	

汇刊五卷三期 1935 年 3 月

篇　目	作者或整理者
杭州六和塔复原状计划	梁思成
晋汾古建筑预查纪略	林徽因、梁思成
易县清西陵	刘敦桢
明代营造史料	单士元
识小录	陈仲篪
本社纪事	

汇刊五卷四期 1935 年 6 月

篇　目	作者或整理者
河北省西部古建筑调查纪略	刘敦桢
清官式石桥做法	王璧文
平郊建筑杂录续	林徽因、梁思成
识小录续	陈仲篪
本社纪事	

汇刊六卷一期（曲阜孔庙专号）1935 年 9 月

篇　目	作者或整理者
曲阜孔庙之建筑及其修葺计划专刊	梁思成

汇刊六卷二期 1935 年 12 月

篇 目	作者或整理者
北平护国寺残迹	刘敦桢
清故宫文渊阁实测图说	刘敦桢、梁思成
清官式石闸及石涵洞做法	王璧文
建筑设计参考图集叙	梁思成
建筑设计参考图集简说（一）台基（二）石栏杆（三）店面	梁思成
清皇城宫殿衙署图年代考	刘敦桢、朱启钤
哲匠录造像类	朱启钤、刘敦桢
识小录	陈仲篪
本社纪事	

汇刊六卷三期 1936 年 9 月

篇 目	作者或整理者
汴郑古建筑游览纪录	杨廷宝
苏州古建筑调查记	刘敦桢
元大都城坊考	王璧文
宋永思陵平面及石藏子之初步研究	陈仲篪
哲匠录	朱启钤、刘敦桢
书评	梁思成
本社纪事	

汇刊六卷四期 1937 年 6 月

篇 目	作者或整理者
唐宋塔之初步分析	鲍鼎
河南省北部古建筑调查记	刘敦桢
元大都寺观庙宇建置沿革表	王璧文
明鲁班营造正式钞本校读记	刘敦桢

篇　目	作者或整理者
书评	
本社纪事	

汇刊七卷一期 1944 年 10 月

篇　目	作者或整理者
复刊辞	梁思成
为什么研究中国建筑？	梁思成
记五台山佛光寺建筑	梁思成
云南一颗印	刘致平
宜宾旧州坝白塔宋墓	莫宗江
旋螺殿	卢　绳
四川南溪李庄宋墓	王世襄
本社纪事	

汇刊七卷二期 1945 年 10 月

篇　目	作者或整理者
云南之塔幢	刘敦桢
成都清真寺	刘致平
山西榆次永寿寺雨华宫	莫宗江
记五台山佛光寺建筑续	梁思成
汉武梁祠建筑原形考	[美]费慰梅著、王世襄译
乾道辛卯墓	刘致平
现代住宅设计的参考	林徽因
中国建筑之两部"文法课本"	梁思成
中国营造学社桂辛奖学金民国三十三年度中选图案	
编辑后语	

二 中国营造学社出版图书目录

中国营造学社出版图书目录表

书名	作者	出版时间	定价
《工段营造录》	〔清〕李斗	1931	0.40元
《一家言居室器玩部》	〔明末〕李笠翁	1931	0.30元
《元大都宫苑图考》	朱启钤、阚铎	1931	0.40元
《营造算例》	梁思成编订	1931	1.00元
《梓人遗制》	朱启钤校刊	1932	0.50元
《岐阳世家文物图像册》甲种／乙种		1932	5.00/4.00元
《岐阳世家文物考述》		1932	0.80元
《牌楼算例》	刘敦桢编订	1932	0.50元
《园冶》甲种/乙种	〔明〕计成	1933	1.80/1.00元
《宝坻广济寺三大士殿》	梁思成	1933	1.00元
《正定古建筑调查纪略》	梁思成	1933	0.50元
《大同古建筑调查报告》甲种/乙种	梁思成、刘敦桢编	1934	1.60/1.00元
《同治重修圆明园史料》	刘敦桢	1934	0.60元
《云冈石窟中所表现的北魏建筑》	梁思成、林徽因、刘敦桢	1934	0.40元
《晋汾古建筑预查纪略》	林徽因、梁思成	1935	0.50元
《易县清西陵》	刘敦桢	1935	0.50元
《河北省西部古建筑调查纪略》	刘敦桢	1935	0.50元
《天宁寺建筑年代之鉴别问题》	林徽因、梁思成	1935	0.20元
《曲阜孔庙之建筑及其修葺计划》	梁思成	1935	1.00元
《清官式石桥做法附石闸石涵洞做法》	王璧文	1935	0.80元
《清式营造则例》甲种/乙种	梁思成	1933	8.50/5.50元
《三几图》（蝶几燕几匡几）	朱启钤校刊	1933	1.80元
《汉代的建筑式样与装饰》	刘敦桢、鲍鼎、梁思成	1935	0.40元

书名	作者	出版时间	定价
《定兴县北齐石柱》	刘敦桢	1935	0.40元
《建筑设计参考图集》第一二三集	梁思成、刘致平	1936	1.60元/集
《北平护国寺残迹》	刘敦桢	1936	0.40元
《文渊阁藏书全景》		1936	40.00元
《清文渊阁实测图说》	刘敦桢、梁思成	1936	2.00元
《苏州建筑调查记》	刘敦桢	1936	0.50元
《河干问答》	〔清〕陈定斋	1936	0.60元
《蠖园文存》	朱启钤	1936	2.00元
《明代建筑大事年表》	单士元、王璧文	1936	2.00元

　　*　此表根据《中国营造学社汇刊》推断、整理，个别书目出版时间或有出入。——编者注

附一：郭湖生致杨永生

郭湖生先生 1996 年 1 月 12 日给杨永生的信（节录）

昨天又收到您寄来林洙写的《叩开鲁班的大门——中国营造学社史略》一书，非常感激，先睹为快。

关于学社历史，过去耳闻于刘老、刘师母一些。又有意问过刘致平先生、王世襄先生及卢绳先生、龙庆忠先生（抗战时同济，亦在李庄，与梁、刘都熟），知道一些，未能串连成文。梁、刘二先贤有些不和，最后分手，是很难处理的往事，也是难写之处。可是，梁夫人此书从大局落笔，脱开个人恩怨，处理得极为坦诚、公允，主要写二人联手开辟的业绩，十分贴切，真实动人。这是最不容易的一点，也是我最佩服之点。她以极大精力写朱启钤的为人和功绩，特别众论认为是袁世凯死党的问题予以历史剖析，这一段文字水平，有高超的历史唯物主义和辩证法修养，也是很不容易的，这是我佩服的第二点。全书文字量不大，但的确概括了学社的历史。其中发表了不少珍贵照片，列出社员表和调查路线图，要言不烦，一目了然。处理如此头绪繁多的问题，笔重若轻。这是我佩服的第三点。资料珍贵翔实来之不易。

书尾，以我写的《为什么要研究东方建筑》作为第三阶段的开始，过誉之词愧不敢当。我拜读梁刘二老三十多岁的文章，学贯古今，功力深厚，议论纵横，气势生动。我至今六十多岁，无能追慕，自知庸劣驽钝永不可及。但得梁夫人期望之言，有如鞭策。虽能力有限，亦当奋力继续前哲们所创事业。请向梁夫人致以问候并谢意。

杨永生供稿

1996 年 1 月 18 日

附二：林洙致郭湖生

郭湖生先生：

　　杨永生转抄了您的来信赠我，谢谢您的鼓励。您的评价过高了。

　　当然，我写学社史也是顶了很大的"非分"之名。"营造学社怎样也轮不到她来写"的议论时有所闻。但是该写的人有的已心灰意冷，有的更忙于各种会议视察，似乎不能再等了。我已年近七旬，又不是科班出身，写这样一本书困难重重，自知错误难免，真是"少壮不努力，老大徒伤悲"。去年以来，朱文极、朱海北、刘致平先生相继去世，我才深信自己还是抓住了最后的时机，得以请教三位老人。

　　改革开放以来，史学界不可避免地受到市场经济的冲击，大部分研究人员纷纷走上"一条街""一条河"的设计以维持生计。所以，当我读到先生《我们为什么要研究东方建筑》一文时，真是眼前为之一亮。对先生一直坚持深入建筑史的研究精神深感可敬，可佩！

　　我深信先生必能领导青年学者进一步打开建筑史的奥秘。

林　洙

1996 年 2 月